# 做自己命运的摆渡人

毛毛虫小姐 著

应急管理出版社

·北 京·

**图书在版编目（CIP）数据**

做自己命运的摆渡人／毛毛虫小姐著．－－北京：应急
管理出版社，2020

ISBN 978 – 7 – 5020 – 8186 – 7

Ⅰ．①做…　Ⅱ．①毛…　Ⅲ．①人生哲学—通俗读物
Ⅳ．①B821 – 49

中国版本图书馆 CIP 数据核字（2020）第 110094 号

## 做自己命运的摆渡人

| | |
|---|---|
| 著　　者 | 毛毛虫小姐 |
| 责任编辑 | 高红勤 |
| 封面设计 | 李　一 |

出版发行　应急管理出版社（北京市朝阳区芍药居 35 号　100029）
电　　话　010 – 84657898（总编室）　010 – 84657880（读者服务部）
网　　址　www.cciph.com.cn
印　　刷　三河市金泰源印务有限公司
经　　销　全国新华书店

开　　本　880mm×1230mm$^1/_{32}$　印张　8　字数　187 千字
版　　次　2020 年 9 月第 1 版　2020 年 9 月第 1 次印刷
社内编号　20200462　　　　　定价　39.80 元

# 前言

## 生命是条长河，请为自己掌舵

卡夫卡说过，尽管人群拥挤，每个人都是沉默的，孤独的。随着年龄渐长，我开始懂得越长大越孤独。任何事情，需要亲自经历，方才体会个中喜悦与艰辛。

都市繁华的街头，行色匆匆的人流，心系工作情牵心事的我们，经常会怅然若失，莫名委屈，深觉自己是这茫茫人海中的一座孤岛，无人倾诉无人怜。在最无助之时，于夜深人静时，卸下白天的伪装，治愈着不堪的过往之伤。

经历漫漫黑夜的疗伤，阳光明媚的早上，我们又变得活力满满、精力充沛——活着真好！席慕蓉曾说过，生命是一条奔腾不息的河，而我们都是那过河的人，河的左岸是青春，右岸是衰草的低眉吟唱。

在生命这条孤独的长河里，无论我们心中有多少苦、多少痛、多少纠结，都要靠自我消化、自我救赎，才能成为一个笑对生活风雨、静对人生起落的人。历经岁月流年，我们终将成为主宰自己命运的摆渡人！

其实我们每一个人来到这个世界上都是孤独的，好朋友时常在风里走散，爸妈不能陪我们走完一生，爱的人也难以保证一辈子不变心，只有自己能自始至终地陪着自己走下去。

当我们在生活中遭受到不公平的事情时，不要对那些生活中的过错充满怨愤，更不要为此堕落和蹉跎，你要明白，天下没有绝对的公平，有些失去是帮我们坚强，远离不爱自己的人，丢掉一段糟糕的生活，改变一种活法，对于我们而言不是失败，是成功。学习原谅别人，学会释怀，你终将见到那个最好的自己。

在生命的长河里，我们唯有做自己命运的摆渡人，掌好舵，顺着风浪不止的漫漫无际的海面线行驶，顺风时不大意，浪大时镇静泰然。逆水行舟，每一个人的人生都会有一条出路，而这条路应由我们自己打开。

2018 年 2 月 25 日，影片《大象席地而坐》获得第 68 届柏林国际电影节费比西国际影评人奖（论坛单元）。令人遗憾的是，该影片导演，年仅 29 岁的胡波，却于 2017 年 10 月 12 号自杀了。

胡波是一位才华横溢的导演，《大象席地而坐》是他的第一部影视作品。这部影片凝聚了胡波太多的心血。他亲自编剧导演，查阅大量相关资料，多次实地观察大象，并对社会现象进行深度解读。可以说，该部影片承载着胡波的爱和希望。

所以，当合作方斥责这部影片是垃圾，并扬言要剥夺胡波的署名权时，胡波在经历从最初的自信到自我怀疑、迷茫无助、绝望痛苦之后，他终于没有挺过人生的至暗时刻，没有等来属于自己的辉煌时刻，选择用自杀作为解脱。

哲学家培根说："一个人的命运主要掌握在自己手中。"人生那么长，苦难和甜蜜、付出和得到有时都不成正比，你想要什么，你就要靠自己去努力，不要寄希望于他人对你的嘉奖和评判，因为每一个人都是一座孤岛，他人在你生命里进进出出只停驻了片刻而已。

在人生低谷时养精蓄锐，在四面楚歌时不放弃，在别人喝倒彩时心怀乐观，你终将迎来阳光明媚、花香鸟语的春天！

我们终究要回归一个人的生活，一个人走完自己的一生。所以，不要惧怕生活接踵而至的灾难，在风波不断的日子里，用恒久的坚持和不懈的努力笑看人生得失！

从今天起，让我们一起做一个清醒的人，拎得起也放得下。

从今天起，让我们一起做一个努力的人，把目标逐一实现。

从今天起，让我们一起做一个勇敢的人，看轻苦难与现实。

从今天起，让我们一起做一个独立的人，独立经济与人格。

从今天起，让我们做自己命运的摆渡人，愿花开两岸，一路繁华！

毛毛虫小姐
写于 2020 年 3 月

# 目录

# PART1

---

# 我曾在梦里等花开，也在这里等你来

记得当时年纪小，你爱谈天我爱笑，有一回并肩坐在桃树下，风在林梢鸟儿在叫，我们不知怎样睡着了，梦里花落知多少。

——摘自三毛散文《梦里花落知多少》

# 别说跟谁结婚都不差，真的差很多

别着急，你先去看你的书，我也先去看我的电影，总有一天，我们会窝在一起看同一部电影，谈论同一本书。

## 1

朋友给我打电话，说最近父母又给自己安排了相亲，对方是刚退伍不久的军人，性格内敛不爱说话，见过几次面，吃过一两顿饭，感觉一般般，但是双方父母都觉得两个人年纪都大了，大家各方面条件都差不多，催着他们订婚。

朋友被催烦了，跟父母吵了一架，自己搬了出来。

她说："我其实心里清楚，爸妈这么做不过是为了我以后的日子，有人疼有人爱有人可以相伴终生，但即使我深深地了解他们的苦心，却仍然无法劝服自己的内心。面对不动心的人，我心里好像横着一道怎么样都跨不过去的坎。"

我问她："那是一道什么样坎啊？"

她说："那种感觉大概就是不甘心吧，我都等了这么久，找了那么久，最后却嫁给了一个连了解都谈不上的人，我做不到为这样一个人洗手做羹汤，和他生儿育女，与他白头到老。"

一时间，我竟有点理解她搬出来独住的心情，那不是任性，不是执拗，不是无理取闹，而是一个成年人看待婚姻的态度，那是不辜负自己的真心，是对一份真爱的笃定。

**生活中我们吃什么饭，穿什么衣服，住在什么地方，其实都可以将就，却唯独婚姻不行，因为与那个对的人在一起再苦都甘之如饴，而与那个错的人在一起再好的生活都宛如炼狱。**

婚姻是心的选择，每一点都不能将就。

现在的她还是会被父母安排着去见不同的男生，还是会被左邻右舍在背后议论为什么还不结婚，还是会被世俗的眼光异样地看待。

可是那又怎么样呢？

她还是一个人住在租来的房子里，过着自己的生活，熬着自己的小日子。

她还是坚守着自己心中对爱情的渴望，她还是在等那个生命中应该属于她的人。

她在努力跨过那道坎，用她自己认为对的方式。

# 2

每一个到了结婚年纪却还没有结婚的人，大都有过被催婚的经历。

好多人会跟你说："什么年纪就该去完成什么事情，你要按照人生轨迹走。"

可是每一个人的人生轨迹都是不尽相同的，尤其是在结婚生子这件事情上，我们只能按照自己的节奏走。

有一次我下班回家，在小区门口遇见了隔壁楼的阿姨，她停下来问我："闺女你快结婚了吗？"我说还没。

她先是问了我的年龄和生肖，然后好心劝我："结婚这个事儿啊，差不多行了。日子和谁过都一样。"

我先是愣了一下，然后看着面前一脸认真的阿姨，尴尬得不知道该怎么回答，最后只能礼貌地笑笑点点头。

电梯里我一直在回想这位阿姨说的话，"差不多行了""日子和谁过都一样"，好像无数已经结婚生子的过来人都会这样说。

他们说这些话的时候，脸上毫无波澜，像是在说一段别人的故事。

有时候我也会想，是过得不幸福吗，不然怎么会生出日子和谁过都一样的想法呢？

后来我又想，这样的人大概从未被人真正爱过，也从未真正去爱过别人吧。

今年已经 27 岁的我，也遭遇过无数次的被催婚，也被人问过说过议论过，也曾经一度彷徨想过要妥协，可是最后我还是没有妥协。

27 岁，我依然坚定地认为，只有该结婚的感情，没有该结婚的年龄。

**我一直觉得结婚最好的状态应该是：你刚好就想娶我，而我刚好也就想嫁给你，于是我们挑了一个风和日丽的日子领证，结婚，安安心心地走下去。**

# 3

到了年纪没有对象的你，也一定被人嘲笑过吧。

别人怎么说你的，是不是说你太挑了，眼光太高了。

可是他们难道不知道吗？

硬要把两个没有感情的人凑在一起，那真的太累了。小到吃一顿饭看一场电影逛一次街，大到商议订婚彩礼流程各种琐事，没有爱的结婚斤斤计较里全部都是利益。

所以千万别相信和谁结婚都差不多，如果不是真心相爱，如果不是心甘情愿，那么真的会差很多很多。

**爱情很重要，面包也很重要，我不希望你只有面包没有爱情，我也不希望你只拥有爱情却饿着肚子，我希望你努力赚取面包然后追逐你的所爱。**

我见过嫁给百万千万富翁却每天以泪洗面的姑娘，我也见过嫁给物质条件不太好，却仍然满含笑意的姑娘。

年纪大了没有结婚一点都不可怕，可怕的是为了结婚而结婚，嫁给了一个错误的人过上了一种折磨的生活。

你知道吗？

现实生活里结错婚的远远比不结婚的要多很多。晚婚或者不结婚只是自己人生的一种选择，而结错婚却会伤害两个家庭。

我曾经在知乎上看到过这样一个故事：

故事的女主角有三段失败的婚姻，每一段婚姻都没有撑过三个月，最短的只有两天。

别人问她为什么会这样。

她说："我害怕年纪大起来会更难找到合适的人，所以只要眼前的这个人差不多可以我就嫁了，可是婚后我发现我和他们根本相处不下去。"

你看，人生真的不是找一个差不多的人结婚就可以幸福地生活下去。反而如果眼前的这个人你不喜欢，你是真的无法不计较对方的不体贴，不温柔，不付出，你也无法忍受对方暴露出来的各种小毛病。

<h1 style="text-align:center">4</h1>

不同的选择会带来不同的人生境遇，人生就是在一个个选择中尘埃落定，而婚姻是人生中最重要也是最不可逆转的一个选择。

我们千万千万要做好这一个选择，不要把自己交付给一个将就的人。

我的一个编辑朋友曾跟我说过这样一段话：

等的时间久了，不知道是不是真的有爱情的存在，不知道自己会不会遇到，不知道等到最后是不是一场空。

时间久了，真的相信日久会生情，相信看多了也挺顺眼，相信将就的不一定都是勉强，可能也是一种幸福。

坚持久了，还是相信爱情，只是会怀疑自己能不能遇见了。爱情是一门学问，爱上一个人容易，一辈子都爱一个人不容易。

也许我不是在等那个人，可能我只是在等我怎么学会爱那个对的人。

她的这段话我深感认同，我们都在耐着性子等那个对的人，但更重要的是我们也要学会去爱那个对的人。

如果现在你还是一个人，你还没有遇见那个属于你的人，就请你先好好地爱自己，不要被外界的流言蜚语打扰，也不要妥协于世俗的眼光。

你要守好自己的初心，去做现在自己应该做的事情，慢慢把自己变得更加优秀，更加有底气。

你要知道物以类聚，当你闪闪发光的时候，你遇上的也是会闪闪发光的人。

那个会发光的人终有一日会穿越茫茫的人海，站在你的面前，微笑着对你说：

"为了找到你，我跋山涉水，翻山越岭，从未放弃。"

愿你找到真爱，愿你嫁给爱情，然后幸福一辈子。

# 没必要感到遗憾，不合适的人终究要分开

*纠缠与固执地等待，于我们而言反而是另一种伤害。*

*彼此紧握的手松开了，才有可能去拥抱更多的未来。*

## 1

薛之谦的《演员》里有句歌词这样唱："其实感情最怕的就是拖着。"

是啊，其实我们都知道如果两个人不再相爱，那么及时分开就是对这段感情最好的交代，可惜的是很多人并不明白。他们以为只要付出自己的真心，假以时日对方一定会回心转意，但其实这样的等待，毫无意义，你不仅换不来对方的一颗真心，你还消耗了自己奔向未来的勇气。

你知道吗？跟不合适的人在一起，你慢慢也会变成最坏的自己。

对的人会让你变得越来越美丽自信，乐观开朗；错的人呢，他们会让你的生活变得一团糟。与其爱一个不合适的人，不如省下这些时光好好爱爱自己。爱一个人，对方同等回报的概率太低；而经营好自己，得到的回报将会大大超过你的预期。

# 2

因为写作，我认识了许多人，其中有一个长了我好多岁平时爱好长跑的姐姐，我称呼她为杨姐。可能是长了我几岁的原因，我特别喜欢找她聊天，和她一起探讨人生。

有一次，我们聊起"学生时代的爱情"这个话题。我跟她说，我的高中同学结婚了，嫁给了相恋八年的男朋友，证婚人还是他们的高中班主任，我觉得她是真的嫁给了爱情，真好。

她笑笑说："其实我也是校服恋，我和他大学相恋四年，毕业后我不顾爸妈的反对嫁给了他。结婚八年，我们有了一对很可爱的宝宝，但是就在今年，我们还是离婚了，手续刚办好。"

我问她为什么，两人相爱那么多年，又有了自己的孩子，为什么还要选择离婚。

她说，当初不顾爸妈的反对不远千里也要嫁给他，是因为那时他们真的很相爱，也因为爱得炙热，所以很多问题他们都选择视而不见。但是，结婚以后，当感情变得不再炙热，当生活变得平淡如水，她才发现其实她和他真的不太适合。他的事业心很重，家庭观念却很轻，他需要一个能在事业上帮助他并且能够与他比肩的人，而她则喜欢平淡的生活，喜欢和家人在一起。

就是这样，他们吵架的次数越来越多，他回家的时间也越来越晚。她不再知道他的内心也不再了解他的想法，他们好像变成了同床异梦的陌生人。有时候她也会问自己："我还爱他吗？好像爱着，又好像不爱了。"

后来她下定决心和他离婚，是因为她再也受不了他的早出晚归和无止境的加班出差。即使偶尔难得两个人都在家，他们也不会再像当初那样聊聊天了，而是各干各的，这恰恰是她最不想要的生活。

离开他后，她反而觉得轻松了，因为她再也不用守着一个成天见不到人的空房子了。她对我说："你看并不是每一个嫁给爱情的人都会幸福，因为爱情是一种虚无缥缈的东西，它会发霉，也会变质，甚至会消失。"

我见过很多像杨姐这样的人，可他们中的大多数人最后都会选择妥协，一方面是因为孩子和家庭，另一方面是因为世俗的眼光。我经常听人说，日子嘛，跟谁过不是过，何必计较有没有爱情，何必计较合不合适，能搭伙过下去就行。

但你要记住啊，永远别做弊大于利的事情，不值得，即使坚持去做了，终究有一天也会让你后悔的。

你表面上能忍受着没有感情的婚姻，但你的心底里一定过得很不开心。我们都一样，考虑家庭，考虑父母，考虑孩子，考虑这考虑那，却始终忘了考虑自己。

# 3

其实婚姻的本质是让自己过得更幸福，不是吗？

我想告诉你，如果你过得不幸福，那就离开吧，不要花费更多的时间去痛苦；但是如果你觉得还有挽回的余地，那么也请你努力去争取，因为婚姻和生活一样，都需要我们好好经营。

爱不到的人，就算了吧，敬往事一杯酒，然后大路朝天各自走。

某天深夜在朋友圈里刷到一个姑娘的动态：

我像个路人一样专注着你的生活，心酸的是，你的喜怒哀乐都不是为我。

我知道当下的她心里一定很难受，我忍不住点开她的头像，给她讲了一个故事。我说：从前有一棵树爱上了河对岸的另一棵树。

她问我，然后呢？我说，没有然后了，它们之间隔着一条怎么样都跨不过去的河，永远都不可能在一起，这就像很多不可能的事情，开始便意味着结束。

两个不合适的人，就像听两首各自喜欢的歌，无论怎么努力，都无法碰到同一个节奏。

我也曾经很喜欢很喜欢一个人，我以为我这辈子一定会和他白头到老，可是故事的结尾是，我们没有故事了。

就好像夫妻肺片里没有夫妻，老婆饼里没有老婆，珍珠奶茶里没有奶一样，认真喜欢了很久很久的人，也未必能和对方在一起一辈子。

每当夜深人静时，我还是会想起他，可是我明明已经放弃他很久很久了，我想起他的时候心里就像被针扎过一样难受，我虽然不知道那根针的具体位置，但是它就是那么顽固地插在那里。

很长一段时间，我都无法接受我和他已经分开的事实。我还是会经常想起和他在一起时的那些时光，校园里走过的路，食堂里排过的队，图书馆里占过的座位，还有好多好多甜蜜又难过的聊天记录。

我花了好长一段时间去劝服自己，我说不合适的人，哪怕再努力，终究还是会分开，不要再去纠缠，也不要再固执地等待。

后来，我渐渐明白，很多人就是这样，毫无预兆地出现，又悄无声息地离开，他们带走了我们一些勇气，也给了我们一部分的爱。

# 4

我曾经在网上看到这样一段话：

以前听说"所爱隔山海，山海不可平"的时候是嗤之以鼻的。我以为海有舟可渡，山有路可行。此爱翻山海，山海亦可平。也坚信"郎心自有一双脚，隔山隔海会归来"。后来我才知道，在跋山涉水时，在渡海越岭时，早就失散，再不复还。"所爱隔山海，山海不可平。山海亦可平，难平是人心。"

是啊，我好像终于领悟，所谓让我魂牵梦萦的人，绝不是因为他有多好，只是他好像爱过我，现在又的确真的不再爱我，爱而不得，心意难平。

张小娴说，想要忘记一段感情，方法永远只有一个：时间和新欢。要是时间和新欢也不能让你忘记一段感情，原因只有一个：时间不够长，新欢不够好。

年华未长，新欢未到。

几年的时间，几段经历，几次机会，我们却还是没能在一起。

也许还会有人问你：还记得喜欢一个人喜欢到不行的感觉吗？

还记得，却再也不敢奋不顾身地去爱了。

每一段感情从开始到妥协，接着释怀到最后原谅，中间的每一步都耗费着我们巨大的元气。

你说：别来无恙意味着问候与保重。

可在经年累月里，早已迷失与错过，午夜梦回间那些再也回不去的感觉和记忆，就让它们消散在空气中，掩埋在时光里吧。

只愿：你别来，我无恙。

没必要感到遗憾，不合适的人终究要分开，我很好，你也保重。往后余生，愿你我皆遇良人。

# 一辈子不结婚很惨吗？当然不是！

*其实一个人孤独终老并不可怕，可怕的是两个人一起孤独终老。*

## 1

柏邦妮在《奇葩说》里说："没有任何一种主义大过你的生活，没有任何一种价值观能绑架你的自由，你是一个女人，你爱怎么来就怎么来，你怎么舒服就怎么活。"

我们每个人来这世上一趟不容易，我们都应该活成自己喜欢的模样。

朋友粒粒忍不住跟我抱怨，她说做女生真的太难了，在别人眼里女生过了27岁的就像是那迟暮的日落，再不找对象就会被判刑似的，人生凄凄惨惨戚戚。

我笑着问她，这是今年的第几次被安排相亲？她扳着手指数了数，无奈地说自己也记不清了。有些人只是在微信上聊了几句，有些人见过一两面却依然没有印象，还有些加完微信后连招呼都没有打过。

27岁还没有男朋友，好像所有人都会来舆论你。他们会跟你说，越老越丑越没有人要，嫁不出去会很可怜的；他们还会告诉你干得好不如嫁得好，那么努力干什么，一个人还不是过得孤独无依。

但真的是这样吗？一辈子不结婚，真的会很惨吗？

并不是！

女人真正的美丽并不会随着岁月的流逝而消失不见，反而那些认真生活的姑娘，她们的美丽会随着岁月的推移而历久弥香，越发纯酿。

英国著名小说家简·奥斯汀写了很多动人的爱情故事，但她却终身未嫁。

她曾经有过一段难忘的爱情故事，可是故事结局两人还是没能走到一起，好多年后，故事的男主角听从家人的安排娶了所谓理想的太太。

而简·奥斯汀呢，她这辈子除他外再也没有爱上任何一个人。她说，如果没有遇到真正想要共度一生的那个人，那么她宁愿做一辈子可爱的老姑娘。于是，她将自己的这份情感全部倾注到文学创作中，也因此取得了不凡的文学成就。

所以你看，认真生活的姑娘是越活越可爱，越活越勇敢的，越活越有魅力的。一个女人真正的魅力并不能用年龄去定义，就像一个三十几岁没有魅力的女人，那么她二十几岁的时候依旧是没有魅力的。只有认真生活的女人，才能挣脱时间的枷锁，散发出无穷无尽的魅力。

# 2

现实生活中，女人一旦过了 25 岁，就会被世俗的眼光异样看待，大家会认为女人一旦过了这个年龄，即使再优秀，也还是在走下坡路。于是很多人在这种催促和焦虑中将就着被迫恋爱结婚生孩子，等到转身时才发现自己早已退无可退，生活早已是一地鸡毛。

世人都说什么样的年龄做什么样的事情，但其实我更想说：按照你自己的节奏去行动吧，去做你认为每个阶段该做的事情，千万不要因为别人的想法而打乱了自己的人生计划，不值得。

总有人会问，不结婚会不会很惨？

我有一个大龄朋友，早已过了适婚的年龄，但是她现在还是一个人生活，听上去有点凄凉有点悲惨，但是对于我这个朋友而言，结不结婚并无所谓，她一个人也能将日子过成岁月静好的模样。

很多事情，当我们不把它放在心上，它就无法对我们造成影响，像结婚生孩子。

当你比同龄人看起来年轻漂亮，当你有大把的时间护肤读书旅行，内外兼修，当你有自己的兴趣爱好，你会发现别人的看法于你而言根本无足轻重。

岁月变迁时光流转，我们也要向前看，把自己变得更好更成熟。

其实我们一个人可以做很多的事情，比如吃饭、睡觉、散步。虽然有的时候也会觉得人生好像有点缺憾，就像生病的时候也希望有一个人能陪在身边嘘寒问暖，看到喜欢的事物时也希望有一个人能与自己一起分享。

这些缺憾确实让我们的人生看起来不那么完美，可我们却也不能因此妥协啊。

我也希望能遇到那个人，我可以和他一起读书旅行追剧看世界杯，可人生没有十全十美，如果遇不到那个人，我们也要读书旅行追剧看世界杯，做自己喜欢的事情，做喜欢的自己。

老一辈人常说，养儿防老，结婚生子就是为了日后能有一个依靠。

可是在我看来并不是这样。陈乔恩在《女人30+》这档综艺节目里谈到婚姻时，她说虽然自己已经成为大龄未婚女青年，但是她现在很快乐。

面对已经快 40 岁的陈乔恩，陈妈妈经常焦虑地告诉她，小心你以后会变成"孤寡老人"。

可是陈乔恩却一点都不担心，还笑着宽慰妈妈："放心啦，就算我老了以后是个孤苦无依的孤寡老人，那我也一定会是有钱的孤寡老人。"

虽然她已经 40 岁了，但是她的 40 岁并没有止步不前，她的 40 岁依然奔跑在人生前进的道路上，40 岁未婚，也不是一件不好的事情。

也常常会有"好心人善意"地提醒她："哎，陈乔恩，你快 40 岁了，不小了。"

可是她呢，听过了许多人对自己的催婚后，还是一如既往地过自己的生活。

她依旧活得很开心，努力工作，认真生活，空闲的时候去花市采买喜欢的植物或者喂养路边流浪的猫狗；她也会在工作之余抽出时间陪伴重要的家人，发自内心地微笑，努力做一个温暖而内心丰盛的女人。


# 3

一个真正快乐的人要有自己生活的底气，这样就算 40 岁未婚也不需要别人的同情，因为你经济独立，事业有成，想要什么都可以自给自足。

而那些年纪大了却不婚的人，他们活得悲惨的原因是只涨了年龄，却没有这个年龄该有的阅历和格局，经济能力撑不起生活所需，内心世界仍然幼稚得像个孩子，那才是真正活得悲惨的人，那些努力工作认真生活的人其实一点都不悲惨。

我曾经见过一个终身不婚的人，那时他已经50多岁了，每天出门前还是会把头发梳得整整齐齐，衣服穿得妥帖干净，身材依然保持得很好，每天还会坚持读书运动，也有一份自己热爱的事业。

我从他的身上看到了生活的另一面，他让我觉得不婚不育和生活惨淡不一定是等号关系。

何况人这一生，合适的人本来就很难碰到，我们总得慢慢去找。如果努力了还是找不到那也没有关系，这个世界上有那么多有趣又好玩的事情，人生走这一遭，也值了。

结婚也好，不结婚也罢，只要我们自己内心足够充盈，物质生活也能够满足自我，何必在意是一个人过还是两个人一起生活呢。

人生那么长，世界这么大，生活的选择性有千百种，只要我们一直都在路上，总会遇到不一样的惊喜。

曾经在网上看到过一个故事（故事原文有删减）：

一只小白兔问妈妈："我可不可以一辈子不结婚呢？"

妈妈反问小白兔："如果不结婚的话你会开心吗？"

小白兔说："当然会啊！我可以去找小猴子一起捞月亮，可以去找小熊一起去采蜜，可以去找小松鼠滚雪球，我会有很多很多的朋友。"

妈妈又问："如果有一天，他们都结婚了，没有时间陪你玩，怎么办？"

小白兔愣住了，不知道该怎么回答妈妈。

妈妈说："你必须找到一些自己一个人去做就很快乐的事情，充实而满足。"

一个人活着的最好状态，正如这个故事所说，我们应该把生活交给自己所热爱的事情，只要能够让自己开心快乐就可以了，而不是非要交给爱情，交给婚姻。

# 4

　　一辈子不结婚，同样可以活得很精彩很快乐。日本有一栋楼里，住着七个同样单身的老姑娘，她们一辈子都没有结婚，但是她们却过上了许多人向往的生活，生病了相互照顾，觉得无聊就聚在一起喝茶聊天说往事，她们还会一起组团旅游看风景，她们的人生真的活得好快活。

　　所以你看，人生里的快乐那么多，不只是恋爱、结婚、成家、生子。

　　我们还有更多有价值的事情要去做，sheng 女不应是剩下的剩，而是强盛的盛，盛开的盛。这一辈子我们要为自己而活，我们要活得丰盛独特且充满意义。

　　人生中 100% 的快乐应该由自己创造，而婚姻应该是那额外的10%，是锦上添花的事情。

　　如果再有"好心人"跟你说，姑娘 27 岁还不结婚你会活得很惨的。

　　请你理直气壮地告诉他，一点都不惨，现在的我活得很快活！

# 婚姻是自己的，千万别将就

你这么努力地读书、工作、打扮、保持身材，任何挑战你都迎难而上。那么你为什么面对择偶，却要放低标准，草草了事呢？其实你大可以选择你想要的生活，过你想要的日子，不必为了谁将就自己。

## 1

我曾在知乎上看到过这样一个话题：到了该结婚的年龄，你会将就着找一个人步入婚姻吗？

我发现一个有趣的现象，那就是关注这个问题的有一百多万人，但是回答这个问题的却只有三百多个，这三百多个人里有一半以上的人讲述的是别人的故事，虽然回答的人不多可是每个故事下的评论却有上千条。

我想很多关注这个问题的人，是想在别人的故事里寻找一个自己想要的答案，他们害怕自己也会重蹈覆辙，也会将就着找一个人凑合着过下去。

而那些已经步入婚姻的人，他们作为这个问题的命中者，却不敢回答这个问题，我想他们大概是不愿意面对自己真实的生活吧。

# 2

我有一个朋友，她长相家境学历都一般，但是却非常会穿衣打扮。她就是那种没化妆前普普通通化完妆后可以被大家称为女神的姑娘。她谈过几次恋爱，但每一段恋情都无疾而终。一个人兜兜转转到了适婚年龄，被爹妈逼着去相亲。

可能是因为被前几任伤透了心，她选择不再相信爱情，择偶的标准也变得简单粗暴。那时候的她一心想要找个高富帅，相亲去了不少次，但是来的男生不是矮富丑就是矮富胖，就是没有高富帅，其中有几位看过她素颜的样子后还嫌她长得太过普通。

就这样，我的这位朋友陷入了无法破解的死循环当中。

25岁的时候，她说："我其实还蛮想结婚的，婚后马上要孩子也可以，我也可以辞职在家照顾孩子。"

然后我问她："如果你到了30岁还没有找到那个你想要嫁的人，你会将就着随便找一个人凑合一下吗？"

她坚定地说："不会啊，我要嫁一个满眼都是我的人，我爱的人。"

可是后来随着年纪越来越大，可以选择的余地也越来越小，她的爸妈也一天比一天着急，在她33岁那一年，她还是扛不住压力，将就着找了一个人嫁了。

她嫁的这个人没有给她浪漫的求婚，也没有给她想要的户外婚礼，甚至连婚纱酒水都是一般的水平，这与她自己当初设想的婚礼相差甚远。

他们结婚那天，新郎牵着她的手给宾客们敬酒，我看不出她脸上是高兴还是难过，明明是她的婚礼，她却没有丝毫喜悦的表情。

我替她感到遗憾，她明明是那么傲娇的一个人，她明明也是一个绝不将就姑娘，可最终还是向现实低了头，还是向这个世界妥协了。最后她还是嫁了一个不高不富不帅甚至连了解都谈不上的男人。她还要为这样的一个男人洗衣做饭生孩子和他过一辈子。

　　**我突然想起读过的一段话：终其一生没有找到合适的伴侣，必然是遗憾，但千万不要为了填补这一遗憾，而把人生变得更加遗憾。**

# 3

　　我最害怕的就是有一天我突然意识到，我周围的所有人都在跟我说：你到了该结婚的年龄了，你该放下所有的事情先去结婚。

　　于是，我架不住他们的软磨硬泡，在相亲对象中找了一个他们都觉得还过得去的人结婚了。

　　我害怕慢慢地我也接受了现状，我也开始自暴自弃不再有所追求了，我也开始认为婚姻就是这样啊，找一个老实人，结婚生娃平淡度日。我害怕到了最后，我真的也跟一个自己并不喜欢的人结了婚，然后开始过一地鸡毛的日子。

　　可其实我们都是有恋爱选择权的，我们应该好好把握这项权利，好好做出我们的选择，我们不应该活在别人的口中，别人的期望里，别人的流言蜚语里。

　　刘媛媛在《超级演说家》里曾经说过这样一段话：

　　从小到大我们都在听着别人的声音给自己的人生画格子，左边的这条线是要学业有成，右边的这条线是一定要有一个安稳的好工作，上面的这条线是三十岁之前要结婚，下面的这条线就是你结了婚一定得生个孩子，好像只有在这个格子里面才是安全的，才被别人认为是幸福的。

**是啊，其实只有我们自己才能对自己负责，只有我们自己才能给自己幸福。**

对于 30 岁前结婚生孩子这件事情，我曾无数次在脑海里设想过这样两个场景：

第一个场景是，我忙碌了一天回到家，累倒在沙发上，家里面漆黑一片，四周空空荡荡，没有人煮好晚饭等我回家，我感觉有点孤单，我休息了一会儿，然后起来给自己做晚饭。吃完晚饭我给自己切好了水果，然后坐在电脑前看电视剧，再花上个把小时的时间给自己充电，最后洗脸刷牙关灯躺进舒服的被窝里，满心欢喜地迎接明天的到来。

第二个场景是，我忙碌了一天回到家，身心俱疲却看到沙发上坐着一个我不爱的人，他正在看电视或者玩手机，他没有抬头看我也没有跟我打招呼，我其实也没有太多和他交流的心思。我放下手里的东西，随便给自己做了点吃的，然后回到书房继续工作。

对比第一个场景和第二个场景，我更倾向于第一种场景的生活。

**有人说，比起没有岁月可回首，更惧怕无一人共白头。但其实我们不是不想结婚，而是我们对待婚姻的态度更慎重，我们不是不想找一个人陪自己共度余生，而是要找的那个人必须是彼此合心意的人，不然草率结婚后再离婚的成本实在太高，我们耗费不起。**

## 4

我想起我的一个朋友，他说他一直羡慕爸妈的感情，一辈子都没有吵过架，也没有相互冷过脸，可是在他爸妈老了以后，经常跟他说起的却是这样一句话："我俩一辈子都是将就着过来的，因为不喜欢连吵架都没有情绪。"

朋友知道这个事情后一开始难以相信，直到后来他的爸妈常跟他说："爸妈不会逼你结婚，你一定要跟一个你很爱很爱的女孩子结婚，不要像爸爸妈妈这样将就着过了一辈子没有感情的生活。"

我想起另一个朋友说过的关于她爷爷奶奶的故事。她说，他们两个人吵了一辈子，闹了一辈子，爱了一辈子，可是在爷爷临终的时候，奶奶拉着他的手趴在他的耳边对他说："老伴儿，下辈子我们还做夫妻好不好？"

爷爷那个时候已经处于弥留之际，但是听到奶奶这么说，他还是强撑着睁开眼，清楚地发出了一个音："不。"

老一辈的婚姻大都是父母之命，媒妁之言，甚至在结婚之前双方都见不了多少面，老一辈的婚姻更多的是相伴却不是相知，是相亲却不是相爱。

**我们都曾羡慕相濡以沫白头到老的爱情，我们羡慕那些老了以后还能趴在彼此耳边讲悄悄话情话的爱情，我们都羡慕到了 80 岁还能牵着彼此的手一起看夕阳一起散步一起逛菜场的爱情。**

**一杯风月少年愁，半杯饮尽意不休。**

**这样的爱情两人光坐着不说话，便美好得无以复加。**

## 5

我有一个朋友 27 岁了还从未谈过恋爱，虽然相过很多很多次亲，却没有找到一个合适的人，但是没过多久之后，她来告诉我们说，她要结婚了。我们以为她一定是坚持不下去了才找个人嫁了，但是她却跟我们说："不是这样的！"

她说对方是一个跟她非常合拍的人。

"我们其实是租房子时认识的，我们是室友，那天当我们一起在客厅里拆行李的时候，我发现我们最爱的书竟然都是一样的，我当时就对自己说，'对，他就是我的另一半了'。"

所以你看，对的人其实就藏在我们的生活中，他或者已经跟你打过照面，他或者已经在你身边很久，他或者还没有来，但是他一定会来的，你要随时做好发现他的准备。

所以记住啊，无论你是男生还是女生，都不要将就着和一个不爱的人结婚。如果那个人不是你心底里真正称心如意的人，你是无法和他同吃同住到白首的。

**记住啊，婚姻是我们自己的，你这么努力才变成如今优秀的模样，千万不要将就。**

愿我们皆有岁月可回首，也有一人共白头。

# 我们都曾有过一场声势浩大的暗恋

纵使人山人海，纵使人来人往，

我们也要自尊自爱，才能活得自由自在。

1

后来，我再也没有刻意地想起你，哪怕是在梦里也没有。

我知道人生中的每一段相遇都是命中注定，相遇了就应该学着珍惜学会感恩，路过了就该学着释怀学着放下学着好好说再见。我真的没有再刻意回味我们的曾经，我只是会在很多很多的小瞬间里想起你，比如一句话，一条路，一首歌，一部电影，一朵云和无数个睁眼闭眼的瞬间。

你有没有爱过这样的一个人，他明明距离你很遥远很遥远，可是只要想到他，你就有继续生活下去的勇气和力量，他永远都让你充满希望，他永远是年轻帅气的，他永远是茫茫人海里最显眼的那一个，他像是太阳系里会独自发光发热的一颗恒星，他永远在那里，像初升的朝阳，像永不会湮灭的信仰。

年轻时我们都曾偷偷喜欢过一个人，为了那个人我们做了许许多多的傻事幼稚的事不可告人的事。单数的阶梯，偶数的花瓣，数到三就停下刹车，连削水果的时候都在心里默默地和自己打赌，如果水果皮没有断，那就勇敢地去告白，于是小心翼翼地连皮带肉地削完。水果皮没断水果肉也所剩无几，可即使和自己打赌赢了无数次，最后还是没有勇气告诉对方"我喜欢你"，最后还是没能和对方在一起。

记得木心老师在《加拿大魁北克有一家餐厅》里说过这样一句话：

**偶然的一个机缘中诞生了啤酒，就像偶然的一个机缘里我发现了你。**

我们都曾于茫茫人海中遇到过一个人，遇见他以后生命从此有了鲜明的四季，他的热情便是赤日炎炎的夏，他的关心问候便是草长莺飞的春，他的不温不火便是不冷不热的秋，他的冷若冰霜便是白雪皑皑的冬，四季交替皆在他的一言一行之间。

## 2

有一次和朋友们出门聚会，喝得微醉以后一群人嚷着要去 KTV 唱歌，于是我们一群人真的去了 KTV，而在这之前我已经有好久好久没有唱过歌了。上一次正儿八经唱完整首歌还是在手机上一款 K 歌软件里，好几年了。

坐在 KTV 的包厢里，神情有点恍惚，一时间竟不知道自己能够唱一首什么歌，于是我点开了许久没用的 K 歌软件，上面有我前几年录完上传的歌，混着嘈杂的人群声我点开听了听，声音开到最大却还是听不清，只是依稀记得每一首我都只唱了一段，每一段我都只录了副歌部分，唯一完整的一首歌，还是和自己喜欢了多年的男生一起录制，是一首情歌。

我犹豫了一下还是点击播放了那首歌，那是一首我念高中时很流行的歌，那明明是一首甜到心间的情歌，我唱着唱着却不争气地流下了眼泪，我不知道这流下的眼泪是依然不变的欢喜还是如释重负的释怀，我不知道他唱起这首歌的时候心里会不会也有一个小小的角落属于我，他会想起我吗？想起曾经有一个傻丫头那么那么的喜欢过他，把他放在心里那么那么重要的一个位置。

　　他应该不会吧，他不知道我内心对他的炽热，毕竟这么多年我从未说过一句："我喜欢你。"

　　关于爱情，林徽因说过一句话：

　　你是一树一树的花开，是燕在梁间呢喃。你是爱，是暖，是希望，是人间的四月天。

　　是啊，喜欢他这件事，是我来这人世间做过最棒的事情之一。

　　大萌在我停顿的间隙递了瓶水给我，我把话筒给了别人，靠在沙发上喝着水想着心事。

　　大萌问我："毛毛，你是不是在想他，我知道你在想他，我在全民 K 歌上关注了你，这首歌我听过，是你和他的合唱。"

　　我半醉半醒地说："嗯，我现在好像有点想他，不多，一点而已。也不知道他这些年过得怎么样，有没有找女朋友，有没有结婚生子，我们真的已经很久没有联系了呢。"

　　我想起那些已经有点发黄的记忆，我想起头顶嗡嗡炸响的电扇声，我想起雨后操场泛着青草香的味道，我想起好多教室里昏昏欲睡的糊涂日子，我想起他的那句"好好学习才有好的人生"。

　　哦，对了，这个我喜欢了多年的男生是我的同桌，年少时的我俩说好要做一辈子的同桌。他一直都是认真学习的好学生，上课不玩手机不看小说不和其他人聊天专心听课，而我呢？就没有那么好了，时常得仰仗他给我补补课，而他每次给我讲课都温声细语，我特别喜欢他的声音，我喜欢听他讲话，我喜欢看他嫩白修长的手握着笔在书上给我敲着答题重点，我喜欢他每次教我题目时那种无奈又护犊子的表情。我讨厌别的女生问他问题，讨厌他和别的女生聊天一起打扫卫生，讨厌他和除我以外的女生一起回家做朋友。

但是讨厌也好，喜欢也罢，我从未让他知道我心里那些最真的想法。

其实有时候想想如果真的能够做一辈子的同桌，那也挺不好的，只是友谊长存。

有时候我也会想，我对他的这种欢喜究竟能够持续多久呢，一辈子吗？会不会太长了点呢？

后来我们去了不同的城市不同的大学，我离开了有他照顾的日子。嗯，有一点不习惯没有同桌的日子，我跟他说："唉，我现在没有同桌了，日子过得相当不适应。"

他在那头笑笑不说话，于是那天开始他又隔着电话隔着电脑开始每天叮嘱我要好好学习。

## 3

有一次聊天时，我在电话里问他，这样每天学习会不会很无聊很烦。

他说不会，他说聪明的人会越学越有趣，只有笨的人才会觉得无聊。

他说的这句话我在很久后才反应过来："哎呀，竟然说我笨，受不了。"

他偶尔也会过来看我，每次过来都是在夜里。我问他为什么不白天过来，他说夜里的飞机票便宜，我给了他一个大大的白眼。他离开很久后我才渐渐明白过来，他心疼的不是飞机票的钱，他是想多点时间和我在一起。

总归他能来看我，我内心很欢喜，管他是哪种关系，什么名义。

他会带来他那座城市里的小惊喜，有时是一些好吃的东西，有时是一段没有听过的故事，有时是星光露水，有时是温暖是欢声笑语是妙不可言的心情。

我想起凡·高的一句话：每个人心里都有一团火，路过的人只能看到烟。

与他相识的这几年我好像看到他心中的那团火，若隐若现地烧着。

但是我从来不会问他，这团烧着的火里有没有一些些是因为我。

我一直都是一个在感情里比较自卑的人，我怕我不够好，我也怕喜欢不够深情，我怕捅破了那层窗户纸以后两人连朋友都不是，于是我把自己喜欢他的这颗心好好地藏着，藏在最深最深的地方。

毕业后他来我的城市工作，他来的那天我请他吃饭。

我说："欢迎你来到我这里。"

那一刻我是真的很开心，我以为我们终于又可以在一起了，我甚至开始设想我和他未来的生活，租一间朝阳的房子，下班一起洗衣做饭，周末一起做家务或者在阳台上晒晒太阳，条件允许的话再养一只宠物，想想日子真的很美好啊。

但是遗憾哪，我们终究还是没有在一起。他告诉我要离开的那天，天空格外的晴朗，空中一朵云都没有，好像在告诉我即使他离开了也要继续开心下去。

那是我们最后一次吃饭，吃完饭他在马路边抱了抱我，然后上了车。我想问他的话在心中酝酿了好几遍还是没有说出口。那天他坐的车驶出我的视线时，我突然有一种青春就此结束的感觉。

之后我们就很少联系了，像是心照不宣约定好了一样，就连逢年过节都很少和对方打招呼。我工作越来越忙，对他的想念和幻想也越来越少，偶尔也会听共同的朋友说起关于他的消息，听说他交了女朋友，女生温柔大方漂亮是他喜欢的类型，听说他进入了不错的公司，事业发展得风生水起。

每次听到这些消息的时候，我都感觉好遥远，遥远到好像是上个世纪发生的事情，但那明明是我生命里发生的事情，我在心里默默地祝福他，祝他平安祝他幸福。

他曾是我喜欢到不得了的男孩子，他曾是我全部的喜怒哀乐，是我走过一程又一程的力量和信仰。

借用徐志摩先生的一句话：我将于茫茫人海中去寻我唯一灵魂之伴侣。得之，我幸。不得，我命。

现在我把他还给茫茫人海，还给全新的人和事，还给生活，还给简单的幸福。


# 4

这一生中我们每个人都有过单恋暗恋明恋，我们都曾把一个人放在心底好多年，最后无论结果如何，无论我们和那个人有没有结局，光喜欢这件事情便足以丰富我们平淡如水的生活。那些感情中受过的伤，那些因为他而感受到的喜怒哀乐最后都会变成回忆，变成好多年后聊天时的一件有趣的往事。

"哎，我那个时候是真得很喜欢很喜欢过一个人呢。"

6岁的时候，我们可以为了喜欢的人分享自己的零食和玩具；10岁的时候，我们可以为了喜欢的人早起买好吃的点心；17岁的时候，我们可以为了喜欢的人不顾一切；而27岁的时候，我们却想着为了生活是不是可以将就着找个人步入婚姻。

以前我总觉得如果能在夏日的傍晚，吃完晚饭后换上一条漂亮的裙子，然后去见一个心心念念的人，和他一起在晚霞的蝉鸣声中散步，感受小鹿乱撞的感觉，那一定特别的美好。

现在我会把天空大地连同我的内心打扫得干干净净，虽然我还听着固定的歌单，我还在我熟悉的路上吃着习惯了的东西，虽然我的世界没有向外拓宽哪怕一厘米，但是我依然相信属于我的那份幸福，他正不远万里向我奔来。

他或许藏在一首新的歌里，一句新的歌词里，一个全新的夜晚里，但那又如何呢？我坚信他正在走来，带着他那个世界全部的惊喜，而我对他唯一的期待就是不再离开。

谢谢那个让我懂爱的人，现在我要放下你了，我要去追逐我的所爱了。

再见，我的青春！

再见，我的男孩！

**我们都曾有过一场声势浩大的暗恋，不管结果如何。你曾经是我年少的欢喜。也终于不再是我故事的结局。**

# 恋人之间最好的相处状态是久处不厌

其实每一段好的关系都是这样：你相信自己变得更好，而不是紧张地怀疑自己是否很糟糕。

## 1

感情里最好的状态是相生相长，我能感受到你对我的付出和爱护，你也能感受到我对你的信任和支持，我们不会因为自己的付出多了一点点就斤斤计较着得失，在彼此的身边做回最本真的自己。

我常听很多人说，感情里两个人最重要的是三观一致，相处才能自然。

可是今天我想告诉你，这个世界上从没有两个三观真正一致的人，正如这个世界上从不会有两篇真正一样的叶子一样。

什么才是三观不一致呢？

你爱看书，他爱追剧，这不是三观不一致，而是你在看书的时候，他却对你说："为什么要花时间做一件这么无聊的事情。"

你爱旅游看世界，他喜欢宅在家里撸猫，这不是三观不一致，而是你准备好了行李准备出发，他却对你说："何必浪费时间精力金钱去做一件这么得不偿失的事情。"

你喜欢有仪式感的生活，他过得随意洒脱，这不是三观不一致，而是你为他准备好了小惊喜，他却对你说："有必要做这些吗，花里胡哨的。"

你看，以上这些才是真正的三观不一致，才是真正的不合拍。

我不否认在感情里，三观一致真的很重要，但是我总觉得，一个人如果真的喜欢你，他会为了你做出改变，因为他会害怕如果自己不做出些改变，他会配不上你。而感情里最好的相处状态也是有一颗同理心。

我曾经在地铁上看到过这样一对情侣：

男生一脸宠溺地看着女生，时不时用手捏捏她的脸蛋摸摸她的头发，女生看起来也非常开心，眼里泛着光。

男生对女生说："宝宝，等会你想去哪里吃饭，去哪里逛街呀？"

然后女生突然转过头定定地看着窗外，一会儿才转过来。

男生就问她："窗外面黑乎乎的什么都没有，你在看什么呀？"

女生说："我在看你，我在看窗上倒映出来的你是什么样子的。"

男生就问她："是什么样子的啊？"

女生很平静，拉着男生的手说："亲爱的，我们不逛了我们回家吧，回去我给你做好吃的。"

男生很不解，那女孩对他说："我看到窗上倒映出来的你很疲惫，我很心疼。"

男生笑了笑，也没说什么，拉着女生的手，靠在了女生的肩上。

简简单单的几句对话，却让人感觉到了无尽的甜蜜。

我相信他们的感情一定非常好，我能看出男生对女生的用心，我也能看出女生对男生的心疼。他们能够相互心疼对方，也能体谅对方工作一天的辛苦。

这样的感情怎么能不长久呢？

这样的感情怎么能不舒服呢？

这应该就是爱情里最美好的样子吧，既懂得对方的温柔心思，也能体谅对方的不易。


# 2


有一次我爸和同事出去应酬，我妈就带我出去吃火锅。

正当我专心致志涮羊肉的时候，她轻描淡写地跟我说："一会儿吃完了，你自己先回家。"

我举着筷子很茫然地问："妈妈，那你呢？"

于是妈妈的脸开始泛红，然后她不好意思地说：

"你爸约了我去唱歌吃夜宵。他说，有我这么漂亮的老婆，怎么样都要带出去炫耀一下。"

她说这句话的时候，我也被我爸说的这句情话给石化了。

他明明是一个不苟言笑的男人，他明明严肃认真得让我感到害怕，为此我也一直认为在感情里他也一定是一个直男，却没有想到他也会放下架子哄妈妈开心，带她去见自己的朋友。

那一瞬间我看妈妈的脸，她脸上挂着的分明是十六七岁少女才有的表情。

我忽然想起抖音上一个网红小姐姐拍的视频：

小姐姐的爸爸曾跟朋友说："我以为小姑娘养养就会长大，但没想到小姑娘养着养着还是小姑娘。"

小姐姐一直以为她爸口中的那个小姑娘是她。

可是后来她才知道，她爸口中的那个"小姑娘"是她的妈妈。

如果有一个人能够一直把你当孩子对待，一直宠你护你，那他一定是真的爱你。幸福的感情和婚姻都是这样，有一个人一定会爱另一个人多一点，而这多一点是不求回报的。

希望也有人能视你如宝，待你如初，把你宠成孩子，让你可以永远都不用长大，也能幸福到老。

# 3

如果你遇上了那个对的人，那么连美好都能成双份。

快结婚的朋友跟我分享过许多她和男朋友的故事，其中有这样一件小事让我记忆犹新。她说，夏天的一个晚上，气温刚刚好，她看完了剧，他打完了游戏后，他们就躺着。

他没来由地问她："你这几天在看什么书呀？"

她说："我最近在看《萤火虫的小巷》。"

他转过头笑嘻嘻地说："那你能给我讲讲吗？"

她说："不能。"

于是他就像个孩子一样抓着她的胳膊跟她撒娇。

实在拗不过他，她开始给他复述故事的内容，讲完后他一边搂着她，一边轻轻拍她肩膀说：

"宝贝，你讲得真好。有的人看过就忘，可你讲得很清楚，连细节都没有落下，听你讲完我就好像真的看过一样，而且宝贝你知道吗，萤火虫的寿命最长也不过两周的时间。"

听完她的叙述，我打趣地跟朋友说："是不是从那个时候起，你就笃定要嫁给他啦！"

朋友甜蜜地笑笑："还有好多好多的事情，都让我笃定这辈子非他不嫁，他真的是一个很好的人，他总有能力把美好的事情变成双份。"

是啊，生活中我们不能一个人看完世界上所有好看的书，不可能一个人经历完所有世界上美好的事情。

你没听过《萤火虫的小巷》的故事，我不知道萤火虫的寿命有多长。但我们可以有耐心地讲给彼此听，这样我们的美好，就能成为双份。

总有人会问，恋人之间什么样的相处状态是最好的？

**我想恋人间最好的状态就是：我能在你身边从容地做自己。**

**我可以不顾形象地大哭而不用担心妆花了要怎么办。**

**我可以肆无忌惮地大笑而不用顾虑周围人的指指点点。**

**我可以做成熟稳重的大人，也可以做回无忧无虑的孩子。**

**我可以和对方分享我的全部，好的坏的而不用担心对方是否会离开。**

如果你找到了一个这样的人，那你一定要抓紧他。

愿你能在爱情里找到对的那个人，愿你和他久处不厌，愿你一直幸福。

# 我从来不想独身，却有预感会晚婚

*七月的风八月的雨，卑微的我在等遥远的你。*

*如果你是那个对的人，那你晚点到也没关系，我会好好等你！*

## 1

"新婚快乐，今天真的好漂亮啊！"

"谢谢，我也真的好开心呢！"

西西不知道自己是第几次给朋友当伴娘，她站在新娘子的身边，看着镜子里漂亮大方得体的闺蜜，真心地替她感到开心。

有一刹那的恍惚，她好像也从镜子里看到了自己，看到自己也穿上了美丽的婚服披上了头纱，而旁边站着的是自己心爱的丈夫。

西西想着如果哪一天自己结婚了，那一定是一个她非常非常爱的人，她才会和他手牵手敬四方来宾的酒，她才会和他一步一步到白头。

但现实情况却不像西西想的那么乐观，今年 28 岁的西西早已经遭到无数次亲朋好友的催婚，逢年过节的酒桌上也从明示暗示到说得越来越直白。

"西西啊，年纪越来越大了，可以结婚了。"

"西西啊，你看你妹妹都结婚生孩子了呢。"

"西西啊，工作再忙也要找时间嫁人啊，女孩子最宝贵的就是这几年了。"

……

而西西的父母也从一开始的旁敲侧击到最后的唉声叹气，他们开和三姑六婆们一起给女儿张罗相亲，相亲对象安排了一个又一个西西却始终没有动静。爸爸妈妈也从好言好语规劝到最后失去耐心，开始对她冷言冷语地伤害。

西西也被那些来自亲人的关心伤害过，好些辗转难眠的深夜里她也想过不如就这样吧，找一个大家都觉得还不错的人嫁了吧，这样也算是有了一个交代。

可是她又觉得有些不甘心，不甘心就这样被年龄束缚住，走入一段违背自己心意的婚姻。

28岁，一个不能再肆意挥霍浪费的年纪，一个事事都要做好考虑，步步都要有计划和打算的年纪，一个没有资格再说爱情谈风花雪月的年纪。

18岁时，两人可以有情饮水饱。

28岁时，就得先顾好生活中的一地鸡毛。

西西想到前一晚自己在房间里试礼服，妈妈开门进来难得笑着说："我闺女穿这裙子真的很好看。"

紧接着又垂下眼叹了口气："闺女你穿了这么多回伴娘服，妈妈什么时候才能看你穿上婚纱。"

对于母亲的催婚西西感到厌烦，忍不住说道："妈，你怎么又来了，老是催催催，你也不嫌烦呀。"

原本以为这又会是一次无休无止的争吵，但是妈妈却伸出手温柔地握住了西西的手，小心翼翼地问："闺女，这么多年了你是被啥绊住了脚啊？"

妈妈问出这句话的时候，西西的眼泪止不住地流下来，她的心里很难过，第一次转身抱住了妈妈。

"妈妈，我不是不想结婚，我只是在等那个真正属于我的人。妈妈，这世界上嫁不出去的人，远远没有嫁错的人多呀！我这一辈子只想结一次婚嫁一个人，我也不是要求高，我只想看看我找到的人是不是真正对的人，妈妈请你相信我，我一定会幸福的。"

是啊，我们终其一生不过都是在找那个频率一致的人。

日剧《最完美的离婚》中有段台词让我记忆深刻："罐头是在1810 年发明出来的，可开罐器却在1858 年才被发明出来。重要的东西有时也会迟来一步，无论爱情还是生活。"

**生命中越是重要的东西越要压轴上场才会让人倍加珍惜。**

## 2

我想茫茫人海中每一个独身的人大概都在等自己生命中注定的那一位，等他长大成熟，等他穿越人潮汹涌的城市，等他带着所有的爱和期待来到你的面前，等他不急不缓地进入你的生活，这样的人生才算得上真正的圆满。

我相信28 岁的西西，这样美好的姑娘，她的爱情正在来的路上。

我很喜欢李宗盛的《晚婚》，他的歌唱出了许多人的心声：

往往爱一个人，有千百种可能

滋味不见得，好过长夜孤枕

我不会逃避，我会很认真

当爱来敲门，回声的确好深

我从来不想独身，却有预感晚婚

我在等，世上唯一契合灵魂……

近40岁的歌手谭维维在很多人的眼里，早就已经步入了剩女的行列。许多人都说她太挑了，挑着挑着就把自己给剩下了，也有人说她太作了，都一把年纪了还喜欢少女的东西。

可是我相信快40岁的谭维维，她也憧憬着爱情，她也向往着婚姻生活，她也期待能把一个人变成两个人，她不是不着急，而是她知道自己想要找一个什么样的伴侣，一起度过美好的余生。

婚姻其实并不受年龄的束缚，无论你年龄多大，无论你在爱情里是否曾受过重伤，你都有重新拥有爱情的机会，你都可以重新出发，重新寻找自己的幸福。

快40岁的谭维维依然活在少女的世界里，她有自己的粉色王国，粉色的床，粉色的帽子，粉色的包包。她怀揣着一颗少女的心，犹如18岁时的姑娘一样一如既往地相信着爱情，也不急不慢地等待着真爱的来临。

她曾披着头纱站在台上对着歌迷朋友们唱：

我从来不想独身，却有预感晚婚

我在等，世上唯一契合灵魂

是的，我在等，多久都会等

她会乐观自信地对大家说：

"没关系，独身的我也很幸福。"

"晚婚不晚，我只是再等这世上唯一契合的灵魂。"

《奇葩说》里范湉湉说过一段让人难忘的话：

爱情，是生活的附加题，从来不是必选题！我觉得，婚姻也是。没有人规定，在幸福的配方里，一定要有婚姻。

如果我们这一生都找不到和自己同频的人，无法获得自己想要的婚姻，那么就做好自己，努力让自己幸福快乐。

随着年纪越大，我也越来越害怕面对父母的逼问："你为什么还不结婚，你还在等什么？"他们的这种关心有时候会压得我喘不过气来，有时候我会刻意去逃避这个问题，为此我会尽量减少和爸妈交流的时间，因为我知道最终的话题一定会回到这个问题上来，结果一定是不欢而散。

我听到妈妈无数次在我紧闭的房门外来回踱步，我心里分外清楚她想跟我说什么，那是她已经说过无数遍的话："姑娘，再过年就28岁了，你打算什么时候嫁人呀？"

有时候我爸妈这种过分的关心会让我心力交瘁，他们越来越咄咄逼人的追问让我不止一次心生厌恶。

他们总说："你结婚生了孩子，我们的人生就圆满了。"

尽管我不想按照他们老一辈的人生轨迹进行，可每次听他们这么小心翼翼跟我说的时候，我还是会忍不住心疼，心疼他们为我操心了半辈子，我也想好好抱抱他们，然后告诉他们："爸妈，这辈子我一定会幸福的。"

蒋勋先生在《孤独六讲》一书中提到柏拉图的这段话：

**"每个人都是被劈开成两半的一个不完整个体，终其一生在寻找另一半，却不一定能找到，因为被劈开的人太多了。"**

是啊，每一个人都是被劈成两半的不完整体，在平淡的生活中寻找自己遗失的另一半，有些人很幸运，一开始就能遇到与自己灵魂契合的另一半，也有些人需要经历些波折，但最终还是觅得良人。

**王小波在给李银河的信中写过这样一句话：只要我们真正相爱，哪怕一天，一个小时，我们就不应该有一刀两断的日子。**

我也想追求这样的爱情，拥有这样的伴侣，走进一段这样的婚姻。

# 3

我和西西及许许多多的姑娘一样，我们从来都没有想过要不婚，我们只是想一辈子只结这一次婚。我们放慢婚姻的步伐只是想等到那个真正对的人，再结婚。

虽然我也知道我马上就要 28 岁了，在这个小县城里也已经成了别人眼中嫁不出去的老姑娘，但是那又有什么要紧呢。

我内心无比笃定，未来的某一天里，我会遇见一个人，一个和我同频的人，我们会互相欣赏，然后携手步入婚姻。等他出现的那一天，我一定会带着他到所有人面前，硬气地说："就是这个人，我等了好久的人，我这辈子笃定了的人，就是他。"

未来的那个人，我正努力地走在你来的路上，我相信你也正在向我走来，或许路上有些坎坷，但是没关系，我相信在一个微风拂面的春天，在一个阳光明媚的午后，我们总会遇上。

记不起在哪里读到过这样一段话，说得特别好：我们曾无醉不欢，也曾咒骂人生太短，唏嘘相见恨晚。

我们都知道要在清醒时做事，糊涂时读书，大怒时睡觉，独处时思考。因为人都会自然选择与自己般配的人，我们只有让自己变得更好，才会遇到能同等般配的那个人。

对，我马上就要 28 岁了，我有点孤单，却也在继续努力让自己变得更好。

我从来都不想独身，我会继续等，那个与我唯一契合的灵魂。

# 余生要和那个能让你笑的人在一起

《麦田里的守望者》中有一句话：一定要和笑点跟你一样的人结婚。

## 1

"好东西喜欢跟人分享，但是……"

"但是什么？"

"但是更好的只想私藏，比如你！"

好朋友给我打电话，他在电话里兴奋地说他要当爸爸了。听到这个消息，我打心底里替他高兴，我握着电话，在电话里说了一遍又一遍："恭喜恭喜。"

我一直认为每一段能够步入婚姻的感情大都走得不太容易。接下来我要讲一个关于他的爱情故事，不是灰姑娘和白马王子的故事，而是一个穷小子和一个穷姑娘的故事，它是一个励志的爱情故事，希望听完这个故事的我们也能找到继续爱下去的勇气。

我认识他的时候，他跟他女朋友在一起刚满三年。

有一天我问他："喂，哥们儿，你和你女朋友都在一起这么久了，准备啥时候结婚呀？"

他笑着说："一直都在准备呀，只是目前有一点点不顺利。"

我问他："是不确定双方的感情吗？还是有其他的阻力呀？"

他无奈地说："她父母希望她嫁一个条件更好的人。"

我又问他："那你想过放手吗？"

他说："没有啊，我反而想把她抓得更紧。"

然后他给我讲了一个很长很长的故事，故事是这样的：

他和她是学生恋，大三那一年认识，第一次见到她时觉得她傻傻得很可爱，后来慢慢接触后发现她不仅傻得很可爱，人还特别的善良体贴，是他喜欢的理想型的女孩。那时候他就在想：啊，如果她是我的女朋友那该多好啊。

后来让人开心的是，她真的做了他的女朋友。

他们的感情很单纯，各自上课一起吃饭，空闲的时候就腻在一起，她会陪他一起打球、爬山，给他织暖和的围巾。他会陪她逛街，给她买好吃的零食，带她去看最新上映的电影。

那时候的他们没有生活的压力，没有工作的烦恼，没有柴米油盐的困扰，也没有分隔两地的问题，唯一有的就是无比幸福的日子。他们也以为这样的日子会一直一直持续下去，他们会结婚会有自己的小家庭会有一个可爱的宝宝，他们无比憧憬以后的日子。

可是毕业后的路，并没有他们想象中那么顺利，甚至有点糟糕。

毕业后，她听父母的话选择回老家找一份安稳的工作，而他则想趁着自己年轻去大城市闯一闯。他们第一次在人生计划上发生了分歧，他没有答应跟着她回老家，她也没有留下来陪他，他们开始分隔两地。

离开前，他对她说："等我攒够了钱，我就去找你，我们一辈子不分开。"

她抱着他，笑着说："好，我等你。"

为了这个约定，他削尖了脑袋去找那些能够赚快钱的工作，可是无论他怎么努力，都赶不上一天天上升的房价和物价。

好长一段时间，他都不敢去找她，他也不敢提及自己的现状。他不敢告诉她，自己的事业发展得很慢，他害怕她会对他失望。

她一个人在老家，时间久了她也会小心翼翼地问他："爸妈开始给我安排相亲了，你什么时候回来？我们要怎么办？"

他心急如焚，却也不知道该怎么安慰她，给彼此信心，只能隔着电话给她讲几句情话和几句笑话，然后挂了电话后继续拼命努力。

他非常害怕她跟着自己过苦日子。现实就是这样啊，不是两个人两情相悦就能抵挡住生活中全部的鸡零狗碎，他想给她想要的爱情，也想让她跟着他过一世安稳的生活。

## 2

为了早日实现跟她在一起的梦想，他放弃了自己喜欢的工作，转行做了销售，一个 30 天里有 20 多天在外出差跑市场的工作。

做销售的日子真的过得很辛苦。他每天最开心的时间就是结束一天工作后，躺在床上和她打电话，听着她的声音，想象着她可爱的面容，好像就没有那么心酸疲惫了。

她会对他说："不要太辛苦，我会继续等你。"

她会对他说："日子总会越过越好的，我们再坚持一下。"

她会对他说："除了你，我谁都不嫁，我只嫁你。"

只身在外，好多一个人撑不下去的夜晚，只要想起远方还有一个人在期盼着自己回去，他内心就会生出许许多多的力量来，这力量能够让他信心满满继续战斗下去。

这两年里，他们感情受到了来自四方的阻力，但是这更加坚定了他们对彼此的感情。他们还是熬过了异地，在相恋的第五个年头，双方家长终于同意，给他们订了婚期。订婚那天，他发了一条朋友圈，他说：

宝贝，这一路走来，让你受了不少委屈，谢谢我们都没有放弃，往后余生让我来宠你。

文字附图是一张女孩子笑得温柔的照片。那一刻，我觉得照片中那个笑靥如花的女孩是真的真的很幸福。

我想起作者卢思浩说过的一句话：

有时候真心觉得，遇到合拍的人要比遇到让你动心的人更难得，所以真的感谢陪伴。在这个快节奏的年代，日复一日年复一年的陪伴和感情最难能可贵。

是呀，在这个物欲横流的时代，有一个姑娘愿意花上几年的时间等待另一个男孩长大真的不容易；而一个男孩愿意花上几年时间，为一个女孩拼搏努力，戒去一身懒惰傲娇的小毛病也真的难能可贵。

有一次，我听到他在给她打电话，隔老远我都能听到电话那头的女孩咯咯咯的笑声。

我忍不住问他："你说了什么，能让你媳妇儿笑得这么开心？"

他一脸满足地说："也没什么，就是给她讲了一个笑话。"

这大概就是最好的爱情吧，我在闹你在笑，我们连笑点都是同频的。

现在的他事业上有了不错的发展，收入比当初翻了好几倍，也和心爱的人组建了自己的小家庭，并有了自己的宝宝，每天都沉浸在迎接新生命的喜悦当中。

他们应该算是苦尽甘来了吧，真好。

<h1 style="text-align:center">3</h1>

我曾在电影《怦然心动》里看到过这样一段台词：

有的人浅薄，有的人金玉其外败絮其中。有一天，你会遇到一个彩虹般绚烂的人，当你遇到这个人后，会觉得其他人都只是浮云而已！

我也曾不止一次地想，这个如彩虹般的人应该是一个什么样的人呢？

后来我想，这个彩虹般的人应该是一个能够让你放声大笑的人，是一个能够让你在困境中依然看到希望的人，是一个愿意把所有不堪、心酸和难过留给自己，愿意把快乐、喜悦和高兴都带给你的人。

真正的童话故事，不是王子遇见了公主从此过上了幸福的生活，而是一个平庸的我，遇见了一个平庸的你，我们愿意为了彼此付出自己全部的努力，一起去抵挡来自这个世界全部的阻力。

快 90 岁的爷爷有一次偷偷地告诉我："每次你奶奶生气，我就会给她买彩虹棒棒糖，她只要看到彩虹糖，就会和我和好了。"

我不解地问："爷爷你为什么要给奶奶买彩虹棒棒糖，那明明是小孩子才喜欢的零食。"

爷爷红着脸不好意思地说："因为你奶奶是我永远的小宝贝，她在我心里永远都是个小孩子！"

**如果有一个人愿意永远把你当小孩，愿意为你放下自己的脾气、**

身段逗你笑，那他一定非常非常的爱你，才会愿意心甘情愿地为你做这些事情。

你知道吗？世界上有一个国家叫爱尔兰，爱尔兰是不允许离婚的，但你可以选择婚姻的年限，1 到 100 年不等，到期以后可以选择续费，不续费就当自动离婚了。

结婚的费用也不同，结一年婚的登记费用是人民币两万多，一百年的只要六块钱。选择一年的，有好厚的关于婚姻的书要看，而选择 100 年的只有一张纸，上面写着一句："祝你白头到老。"

余生，愿你能够找到一个逗你笑的人。然后，祝你们笑到白头，幸福一辈子！

# PART2

————

# 在生命的长河中，我们好好相遇慢慢告别

　　生命是一条川流不息的河流，我们都是那个渡河的人。

————席慕蓉

# 生命来来往往，来日并不方长

虽然我知道人生里许多人和事的结束都是悄然无声的，但是我仍祝愿：祝愿错过的人和事还有来日，祝愿所有的别离都有归期。

## 1

作家三毛说："我来不及认真地年轻，待明白过来时，只能选择认真地老去。"

我相信每个人都患有一种或轻或重的病，这种病的名称叫作"拖延症"。发病的初期症状是开始变懒，懒得工作，懒得交朋友；发病的中期症状是开始自我放弃，放弃治疗，放弃努力；发病的终极症状是开始出现幻觉。

人生变坏就是从"拖延症"开始的，而"拖延症"还有一个很好听的名字叫作"来日方长"。

我改天再减肥，我改天再学习，我改天再去看世界，我改天再和朋友联系，我改天再好好努力工作，我改天再变得更优秀。

许多人总抱着"人生还长，晚点再去行动"的想法，把想做的事情一拖再拖，最终丢失了很好的朋友，错过了合适的爱人，没去看一眼更漂亮的风景，也没把握住工作的机会，日子一成不变，你还是一样的胖一样的丑，一样的平庸且贫穷。

我们每天都有 86400 秒存入自己的生命账户，当这一天结束后，第二天你将重新拥有新的 86400 秒。

有人说，如果把时间折算成金钱的话，相信没有人会任它从我们的指缝里白白溜走，但现实中我们却一天天浪费着永不再来的时间。

**你知道吗？其实有些来日方长，有时真的会变成后会无期。**

莫言曾讲过这样一个故事：

多年前他跟一位同学谈话。那时同学的太太刚去世不久，同学在整理太太的东西的时候，发现了一条丝质的围巾，那是夫妻俩去纽约旅游时，在一家名牌店买的。

那是一条雅致、漂亮的名牌围巾，高昂的价格卷标还挂在上面，同学的太太一直舍不得用，她想等一个特殊的日子才用。

讲到这里，同学停住了，莫言也没接话，好一会儿后，他的同学才说："再也不要把好东西留到特别的日子才用，你活着的每一天都是特别的日子。"

**是啊，生命来来往往，来日并不方长，别等，别遗憾。**

**我们活着的每一天都是生命里独一无二的一天。**


# 2


我总想起小的时候，那个时候的我们只有写完老师布置的全部作业后才能安心吃饭睡觉；那个时候我们着急忙慌去见好朋友，拉着对方的手讲悄悄话，直到天黑大人找来才会恋恋不舍地回家。

小时候的感觉真好，在尝试新事物时会"迫不及待"，想学习就迫不及待地去学习，想交朋友就主动跟对方问好……而这种"迫不及待"，是想要去做一件事情的热情和勇气，却在我们长大的路上一点点消失殆尽。长大后的我们变得越来越不主动，还美其名曰顺其自然，相信着那句"是我们的终究跑不掉，不是我们的也挣不来"的话。

于是，好多想要拥抱的人走着走着就散了；好多想要去体验的人生，最终也只是锁定在备忘录或者记事本里……当真的错过了不该错过的人，与近在咫尺的机会擦肩而过时，才会发出那一声长长的叹息。

真可惜呀，失去了那么多弥足珍贵的机会。

我曾经在知乎上看到过一则很特别的"寻人启事"，发帖的是一个男生，他要寻找被自己弄丢的爱人。

他在帖子里诚恳地跟女孩道歉，并且保证以后自己不会再让女孩患得患失、没有安全感。

他说："我从来都没有想过，有一天，她会因为失望而离开我。我一直以为只要我努力工作，只要我赚到钱，我就可以给她想要的生活。但其实我一直忽略了她的感受，她提议想要去的地方我没有陪她去；她想去看的最新上映的电影我也没有陪她去看；她小心翼翼提醒我的周年纪念日，我也没有准备礼物给她过。以前我总觉得，她说的这些事情，以后我都可以陪着她慢慢做，来日方长不必急于一时，但现在我明白很多事情当下不去做，以后就再也没有机会了。"

我不知道这个男孩子最后有没有找回那个姑娘，但是他的经历让我们明白：未来固然重要，但也敌不过眼前事、身边人。

"来日方长"听起来或许美好，但其实在感情里它是一剂慢性毒药。哪有那么多的来日方长啊，许多的来日方长最终都变成了物是人非。

王菲在《红豆》里唱：有时候有时候，我会相信一切有尽头。相聚离开都有时候，没有什么会永垂不朽。

**我们不要来日方长，我们要只争朝夕。**

如果你现在有想做的事情就立刻去做，梦里特别想见的人如果醒来还是想见那就去见他。但是我们不要再寄希望于明日，也不要再寄希望于未来，因为"明日"和"未来"存在太多不可控的因素，我们要珍惜拥有，把握当下。

# 3

在我 20 多年的生命里，最遗憾的是错过了和外公的最后一面。

以前我也觉得来日方长，许多想念的人，想见的人，他们都会在那里等我，我可以晚点再去和他们见面，拥抱，可是当我真的失去他们的时候，我才发现之前的想法有多愚蠢。

没有人会一直在原地等着你，友情是这样，爱情是这样，亲情也是这样。

我的外公，是一个很可爱的老人，他会给我讲三国，讲水浒，教我打算盘，他会给我煮好吃的饭菜，给我买诱人的零食。

这么一个可爱的老人悄无声息地就消失在了我的生命里，去了我再也触及不到的地方，从此变成了夜空中的一颗星星，一颗我永远只能观望的星星。

后来我跟同事去吃饭，我假装开心地说，这家餐厅的饭菜很有外公的味道。我很久都没有吃过外公的饭菜了。同事说，没事，以后可以多去外公家吃饭。我又假装幽默地说，不行哦，要很久很久以后我才能见到外公，吃到外公煮的饭菜，因为他去了天堂。

写到这里，我脑海里一直浮现着那个可爱的老人，我的眼里是思念的泪水，模糊的泪眼中，他花白的胡子，笑起来咧开的嘴，无声地牵动着我的心。

"外公，我走啦，下次再来看你哦。"

可是，再也没有下次了。我只能努力记住这个可爱可敬的老人给过我的所有快乐和美好回忆。

你看，人生真的没有那么多的来日方长。你再不行动，父母都老了；你再不努力，岁月都慌了。

还记得那一场大火吗？那一场把巴黎圣母院烧毁的大火。从未想过吧，有一天撞钟人卡西莫多也会流离失所。

许多人开始遗憾，遗憾没有早点行动，总以为它一直就在那里不会消失，但其实人生里并没有什么事情是永恒的。你要明白人生虽然漫长，可是很多事情一旦错过就再也无法弥补；你要知道有些风景现在不去看，就再也看不到了；而有些人一旦转身就意味着这辈子再也无缘了。

你看阳光正好，微风不燥，趁现在就去行动吧，别管什么来日方长，大胆地去见你想见的人，大胆地去做你想做的事，别给自己的人生留下一星半点的遗憾。

**祝愿我们错过的人和事还有来日。**

**祝愿我们所有的别离都有归期。**

## 所有的告别里，我最喜欢明天见

*人生啊，就是一列前行的列车，一路上会经过无数个停靠站，每一程都有人下车，然后又会上来一些新的面孔。当那些人要下车的时候，我们即使再不舍得，也要心存感激，然后和他们拥抱道别。*

1

宫老爷爷的电影《千与千寻》，18 年后再一次和大家碰面了。我坐在忽明忽暗的电影院里，看着眼前大屏幕上的剧情一幕幕推移，内心竟然有一种恍若隔世的感觉。

18 年了，宫老爷爷也从一个不太老的老人变成一个 80 多岁的老人了，可是他的童话故事还在我们的世界里演绎着，带给我们温暖和爱。

好多人都说宫老爷爷的漫画有治愈的力量，刷这部剧评论的时候，底下有不少人说，18 年后再来温习才发现这是一部成年人的电影。

千寻的父母因为毫无底线的贪婪失去了人的模样，变成了两头肥胖的猪；电影中的无脸男因为害怕一个人的孤独，所以竭尽全力地讨好别人，直到丧失了自我；汤婆婆一面教导自己的孩子外面的世界太危险，不要出去。一面又对自己的员工极尽苛责，但事实上她自己的孩子才是一个长不大的巨婴。

故事仍然用童话的形式，向我们讲述了成年人世界里的种种现实和不堪。

宫老爷爷也用这样的形式告诉我们，人生就是一个不断告别的过程。

以前年纪小，看这部电影时只觉得故事很精彩，情节很好玩，全然不知道宫老爷爷究竟想表达些什么。以前看完这部电影的时候可以甜甜的睡去，长大后重温经典，却久久不能入眠。

大概成长就是这个样子，会看明白许多以前看不明白的事情，也会重新去定义已经确定的关系。

以前想起来就让人觉得开心的事，原来背后藏着让人流泪的故事。

以前觉得那些特别好玩搞笑的人，原来他们的内心是孤独而又敏感的。

以前看人看事看表面，现在看人看事要看本质，长大就是一个不断深入的过程。

# 2

就像电影说的那样，我们每一天每一刻每一分每一秒都在告别，这种告别不是对别人，更多的时候是对自己。

在长大的过程中，我们要学着告别那个长不大的自己，告别那个软弱无能的自己，告别那个遇事想要逃避的自己，更要告别那个想要依靠别人的自己。

人只有敢正视自己的不足，才能不断地进步。

正如电影中白龙对千寻说的那样："要留下来，你就必须自食其力，你要有一份工作。你可以去找锅爷爷，让他给你事情做，如果被汤婆婆发现，你一定要坚持请求她给你一份工作，这样她就拿你没有办法了，也就不会把你赶走了。"

这像不像成年人的世界，没有那么多的理由，也没有那么多的矫情，好多事儿你遇上了都得自己扛着，许多路没人陪，你一个人也得哄着自己走完，许多的人生选择也只有你可以为自己拿主意。

电影中的小千寻为了救出被困猪圈的爸爸妈妈，每天都要做很多很重很累的活，她要搬很重的水，用抹布擦地，几乎没有一刻可以休息，但即使每天都身心俱疲她还是没有放弃。

她的好朋友白龙遇到了巨大的困难，她明明知道自己没有那么大的能力，她还是选择不遗余力地去帮助他，她放下生死，放下害怕，直面困难。

名字是一个人来过这个世界最好的证明，为了不被淹没在时间的洪流里，她努力找寻初衷，记住自己的名字。

电影中的女主小千寻，她不断地在和过去的那个自己做着告别，然后以更好的状态迎接新的一天，她在一天天地长大，一天天地变得更坚强。

故事最后她不仅救回了自己的爸爸妈妈，还拯救了误入歧途的朋友白龙，也让自己在物欲横流的世界里保持住了初心，守护了自己的名字。

每一个人在还未强大之前，都会经历一段迷茫挣扎的岁月，这个过程里你会不断地怀疑自己是否有能力完成，是否有勇气实现。

但是你知道吗？只有当你真正张开臂膀去拥抱未来时，未来才会向你走来。

我们都要学着告别那个弱小而又迷茫的自己，然后努力走向一个强大而明媚的未来。

3

告别眼下不满意的生活，然后满含笑意重新出发。

影评里有人说汤婆婆开的澡堂是世界上最肮脏的地方，因为这里堆满了人们身上的污垢。这些污垢里有欲望，有杂念，有利益，有难过，有种种不堪入目的过往。

人们用最昂贵的药水洗涤这些脏东西，希望能够迎来另一个干净整洁的自己。

但是我更想说，汤婆婆的澡堂虽然盛着这世界上所有人的杂念，但是也给了别人重生的机会，人们来这里洗涤自己的肉体，同时也冲刷干净自己的灵魂。

在昂贵而清澈的药浴里，洗涤出一个崭新的自己，然后把那些难过、失败和不堪统统都留在了污垢里，留在了它们该留的地方。

人生就是一个不断告别的过程，如果你对现在的自己、眼下的生活不是特别满意，那就和现在好好告个别，把该忘记的打包整理留在今天，把该丢掉的，彻彻底底丢掉吧。

**人生没有重头来过的机会，但是每一个阶段你都可以选择重新出发。**

今天的时间已经留得不多，生命里剩下的时间也依然毫不留情地在往前走。

你会发现昨天和你打过照面的人，今天忽然就从你的生命里消失了；今天和你约好明天要一起走下去的人，可能走完了今天，明天就散了；上个月做好的月度计划，这个月可能也只完成了一部分；年初你给自己定下的目标，过了年中坚持履行的也不过两三个。

**我们用有限的时间，有限的精力，在有限的人生里和周遭的人事不断地做着告别。我们把更好的自己留给更好的人，把更多的精力留给更值得去完成的事情。**

小千寻问白龙："我要一直往前走吗？"

白龙回答："对，一直往前，不要回头！"

小千寻又问："那我们还会再相遇吗？"

白龙望着远方，坚定地回答："一定会的！"

在人生那么多的告别里，我最喜欢的就是：明天见。

因为明天见除了饱含希望以外，还预示着那会是一个更美好的人生。

再见，明天。

再见，未来。

愿我们都能在告别里遇见那个更好的自己！

愿我们明日再见时依然明眸皓齿不忘初心！

# 世间所有的相遇，都是久别重逢

经常有人问：离开的人还会再相遇吗？我会高兴地说，一定会啊，因为地球是圆的呀！

## 1

《朗读者》里关于遇见二字这样解读：

"蒹葭苍苍，白露为霜，所谓伊人，在水一方。"这是撩动心弦的遇见。

"这位妹妹，我曾经见过。"这是宝玉和黛玉之间，初见面时欢喜的遇见。

"幸会，今晚你好吗？"这是《罗马假日》里，安妮公主糊里糊涂的遇见。

"遇到你之前，我没有想过结婚，遇到你之后，我结婚没有想过和别的人。"这是钱钟书和杨绛之间，决定一生的遇见。

我喜欢"遇见"这个动词，它让我觉得人生一切都是可期的，什么都不做光是想想未来会遇到的一切便觉得美好得无以复加。遇见这个词真的是人生里最棒的一个词。

犹记得电影《一代宗师》里有句经典台词：这世间所有的相遇，

都是久别重逢。

是啊，这世间所有的相遇，都带着久别重逢的喜悦。这辈子啊，无论我们走到哪里遇见谁，他们都是我们命中该出现的人。他们的出现也都有原因，他们是带着使命而来，教会我们某种东西后悄然离去。

# 2

几年前在做兼职时认识过一个男孩子，我记得遇见他的那天太阳很大，我抱着一大堆单页在街边发着传单，路上的行人三三两两，他可能有急事吧，小跑当中不小心撞到了我，单页掉落了一小半，他一边说着抱歉一边飞快地帮我捡起散了一地的单页纸。我嘴上说着没关系，心里却想着这个人走路可真不小心。

我以为我和他只有这相撞的一面之缘，以后的人生一定不会再有交集，但是有一次，我兼职下班路过一家蛋糕店推门进去的刹那，我发现柜台后面的那个大男孩就是和我相撞的那个人。我们俩默契地相视一笑，像是遇到了久别重逢的老朋友。

我点了一份蛋糕坐在窗边看着夜景，他过来和我打招呼，说着那天真的很抱歉，然后我们就开始随意地聊天，天南海北什么都讲，那种感觉就像是找到了一个很好很好的朋友。

那天我们说了很多很多的话，直到霓虹渐熄，人潮散去。

他跟我说他是一位糕点师，撞我那天是因为赶着时间去买食材。他说他喜欢做蛋糕做甜品，因为他觉得甜的东西会给人带去喜悦，他享受给别人制造快乐的这个过程。他还跟我说等自己攒够钱就去开属于自己的店，店里可以装修成自己喜欢的风格，偶尔也可以约朋友们过来聊聊天。

他说在来这里之前，他还去过许多地方，北京上海深圳他都去过，吃过不同城市里的不同甜品，见过不同深夜的不同人群，也走过不一样的人生道路，最后兜兜转转来到这里。

我像一个老朋友一样听他说着自己，那种感觉真的好奇妙啊。我们明明是两个陌生的人，明明是两条没有交集的平行线，却能坐下来一起吃甜品聊梦想谈未来讲自己过去的故事。

后来，我们真的成了无话不说的好朋友，我们相互支持相互鼓励一起走过了好多年。现在想想如果当初没有遇见他，那么现在的我可能还没有这么大的变化，是他告诉我要去守护心中的那束光芒，是他告诉我要去做自己热爱的事情，给这个世界一些温暖和期待。

## 3

有时想想，这一切应该都是命运的安排吧。在人生的无数个节点里，我们都会遇见一些不一样的人，他们在每个不同的日子，闯入你的生命里，走进你的生活里，带给你不同的人生体验，陪你走完或长或短的一程。

你呢？会不会也有过这样美妙的经历，会不会也与生命中的某些人有一见如故相见恨晚的感觉。

你会忍不住对他吐露心事，你会忍不住把你之前人生里发生过的那些糗事、有趣的事、好玩的事都告诉对方，你会忍不住和他分享你人生里那些重要而美好的回忆，你也会毫无保留地告诉对方你未来的规划。

总之他们的出现让你收获了人生里意外的一份惊喜，让你觉得未来依旧可期。

村上春树说：相逢的人会再相逢的。

想想也是，地球是圆的，只要我们不偏离方向，那些已经离开很久很久的人也始终还会再相遇。

屏幕上跳出一条微信消息，点开是朋友的婚礼请帖。

一时间，我的内心有点讶异，因为按照时间维度来算他们从相识相恋到决定结婚一起生活不过短短三个月。

我给朋友打电话，先是说了好多祝福她的话，绕了好大一圈后我问她："你真的决定要和他携手到老了吗？"

我想让她再考虑一下，毕竟两人相处的时间太短，还不足以真正确认彼此的真心和诚意，我好害怕她是因为热恋的感觉而一时冲动做出了决定。

过了几秒，她特别笃定地跟我说："是啊，这辈子就这个人了。"

她说出这句话的时候，语气里满带着幸福的味道。

她："以前总想谈一段轰轰烈烈的爱情，想着和对方天涯海角海誓山盟，可是遇见他以后我想安定下来，和他有一个家，生一个可爱的宝宝，每天下班后煮几个开胃的菜熬一个暖胃的汤，我现在觉得这样的日子真棒。"

看着这温暖的文字，我心里为她高兴。

"是他给了我家的幻想，是他让我心定。"

她的这句话，足以让我相信，她是幸福的选择。

是啊，心动不是爱情，心定才是。当你遇见那个让你心定的人以后，你会忍不住想要把糖给他，把一往情深给他，把内心的欢喜给他，把这辈子的爱也给他。

我忽然想起大S在接受媒体采访时说过的一句话：从我见到他的第一眼起，我就知道我会嫁给他，给他生孩子，我跑不掉了。

有人说大S抢了她好朋友的男朋友，很不仁义。也有人说她这么快就结婚，婚后生活一定不如意。可是面对外界的种种质疑声，大S还是从容淡定地走自己的路，过自己想要的生活，嫁给自己想要嫁给的人。

婚后她与先生的生活也美满和睦，偶尔被记者拍到也是一家子幸福快乐的画面。

# 4

以前我也不太相信一见钟情，我偏执地认为所谓一见钟情不过是钟情于对方好看的皮囊，而那些有趣的灵魂要靠长久的相处才能滋生出情意。

蔡康永在《未知的恋人》里说：我们不知道彼此的名字，我们只是常在同一个车站等车，在同一个橱窗前驻足，在同一个节目播出时发笑，在同一个月亮下失眠，然而这些已足够让我爱你。

比起那些我熟知他们名字住址学历职业但我一点也不爱的人，我心无旁骛地爱着你，且因为这份爱，我觉得人生值得活下去。

一见钟情也好，日久生情也罢，希望我们都能遇见能让自己心定的那个人，然后好好地爱下去。希望有一天，有一个人就像刘莱斯在《浮生》里唱的那样：

**能与你把酒分，能告你夜已深，能问你粥可暖，能与你立黄昏，**

能待你诚且真，能忧你细无声，能知你冷与暖，能伴你度余生。

　　人海浮沉，以后的我们还是会遇见许许多多形形色色的人，这些人中有我们已经失去的朋友亲人，也有正在追风赶月而来的知己爱人。

　　但愿我们人生中所有的别离都能带着一份云淡风轻的洒脱。

　　但愿往后余生我们遇见的所有人事都能带着一份久别重逢的深情。

　　祝愿这世间所有的相遇，都是命中注定，都是人生惊喜。

# 最可惜的是，有些人直到离开都没有一张合照

你离开后，我又想了你很久很久，从未忘记。

## 1

这是你离开的第 1765 天，我在想你。

我还是会想你，在开心的时候想你，在难过的时候想你，在一个人快撑不下去的时候想你，在看到旧的书页信纸的时候想你。原以为你已经离开了那么久，我对你的想念也会随着时间的推移漫漫淡化，但这么多年过去，你却依然藏在我心里最柔软的地方，占据着一个重要的位置。

有时候我常常会想，如果你还在我身边，那么现在的你会是一个什么样子，你毕业了吗？你从事了一份什么样的工作？还是你已经结婚生孩子了？然而以上这些问题，我现在统统都不知道，每当我想起这些的时候，我的心里就会特别难过。

你离开后，我每年都会和小南聊起你，我们总是以"想你了"开头，又以"要放下你"结尾。我们会聊曾经一起发生的那些糗事，也聊那些令我们难忘的开心的事，然后聊着聊着我们就沉默了，我们都知道以后像从前那样的快乐时光，不会有了。

你离开的时候，还是 QQ 盛行的年代，这么多年过去，你的个性签名依旧没换还是熟悉的感觉，真好。你离开后，我们还是会去你的留言板上留言，讲一些你再也听不到的话，是好听又难过的话。可是我想现在的你再也不会去翻看了吧，你会不会嫌我们烦呢？我想你一定不会，因为你是一个多么体贴又善良的姑娘啊。

前几天看你留言板的时候，又看到好多朋友的留言，你一定不知道吧，大陈出国留学了，他说要出去学技能长知识，立志做一名最出色的园林设计师；小 A 最后还是选择了回到这里，她考上了公务员，过得很安稳；烨子去了北京读硕，她在追逐梦想的道路上越走越远；还有好多好多我们曾经的同学和朋友，大都有了自己稳定的事业，不少也已经结婚生了孩子，有了自己的小家庭。

大家过得都不错。那么你呢，你在那边过得好吗？那边的环境还适应吗？有没有认识新的好朋友呢？你偶尔会不会也忍不住想起我们？你想我们的时候会不会想要回来看看我们？

## 2

搬家的时候，我整理出好多好多你给我写过的信，我一个人坐在床沿上一封一封地看，一字一句地读，笑着哭，哭着笑，脑海中浮现出你一颦一笑的模样和我们再也回不去的学生时代。

我在信里跟你说，我喜欢上一个男孩子，我向你描述他的身高长相性格以及学习成绩如何优秀，我说我有了恋爱的感觉。你在信里俏皮地回应我，你说，你也有一个喜欢的男生，但是因为内心羞涩不敢告白。你说，这个年纪我们还是应该要以学业为重。

那时候的我们，用一封封信分享着彼此的近况与秘密，也默契地为彼此的秘密保密。

后来，我失恋分手了，心情一度很低落，我在信里跟你讲心里的难过，眼前的难熬，我说我快熬不下去了。你的信很快就来了，信中你说了很多安慰我的话，你说我们每个人都只有一颗心，要尽全力保护好它。你还说了好多好多鼓励我的话，正是那些话陪伴着我走出了年少时难过的时光。

除此以外，你偶尔也会在信里来点小叛逆，像你这么乖这么认真的一个姑娘居然也会吐槽学习真的好无聊啊。但即使你嘴上这么说，行动还是很诚实，你依然会勤勤恳恳地学习，认认真真地读书。你一直都很懂事，你从来都不想辜负老师和家人的期待。

那次我回学校，我碰到了我们曾经的班主任。毕业这么多年，她还是一眼能够认出我来，我和她聊起了毕业后大家的情况。我跟她说了好些人，她一一听我说着，一脸欣慰的样子。最后我和她聊到了你，她叹了口气，十分可惜地说如果你还在的话，现在一定是一个优秀的姑娘。

可是在我心里，不管是从前的你还是现在的你，一直都是一个出色的姑娘。写得一手漂亮的字，读过那么多书，多才多艺，也拥有一颗坚强柔软善良的心。想想我们失去你，真的是这辈子最大的遗憾。

周杰伦的演唱会，我和小南去了，坐在上万人的会场里，有那么一瞬间我在想如果你也在，那就更好了。那两个小时里，我拍了好多照片，录了好多视频，都存在我 QQ 空间的秘密相册里，想着有一天有机会能够发给你看看。

你离开的时候，微信这款软件刚刚出现，短视频时代还没有来临，世界还是你熟悉的那个世界。可是你离开的这几年，有了翻天覆地的变化，微信成为人与人交流的主要工具，短视频开始占据我们的生活，人们习惯在上面分享自己的点点滴滴。中国的华为品牌走向国际，QQ有了注销功能，很多人的青春变成了一堆数据随时都有可能被清零。

QQ出注销功能的时候，我一度害怕你的账号会因多年未登录，被系统默认成无人使用的账号，我担心会被自动注销，但好在这些事情没有发生，不然我难过不开心的时候就再也找不到你了。

你离开的这几年，我都会给你发消息，告诉你这里又到冬天了，下雪的时候依然很冷，可我们都不再有热情去打雪仗了。我给你发过好多好多消息，你却再也没有回复过我，我不知道你有没有看到，或许有吧，只不过我们之前隔了一层怎么样都穿越不了的时光，你好像真的从我的生命里完完全全消失了。

# 3

曾经的我们无话不谈，但是现在我们的关系却生疏到让我不知如何是好。我们不是说好要做一辈子的好朋友吗？我们不是说好要做彼此生命里最重要的见证者吗？你为什么就先抛下我离开了呢？

有一段时间，我特别讨厌你，我讨厌你的不告而别，我讨厌你把我们都抛弃，我讨厌你一个人去了那么远的地方，远到现在信息技术都这么发达了，我还是没有办法找到你。

我知道你决心离开，我再也等不来你的任何消息，但是能够在这里和你说说话，心里就已经很满足了。我们真的已经很久没有说话了，也已经很久很久没有联系了，我再也不知道你的近况了，你现在是胖了还是瘦了，高兴还是难过？

有一次我整理相册，我翻到好多好多我们以前的照片，可是我怎么都找不到一张关于我们的合照，当我发现这个事实的时候，我的内心是崩溃的。我跟小南说，我们再也没有机会和你拍一张合照了，有些人就是这样啊，一旦错过就再也没有机会去弥补当初的遗憾。

后来小南告诉我，他现在只要和朋友约会聚餐都会拍照留念。他说，人生过一天少一天，有些人见一面少一面，总要留下些什么供我们老了怀念。

我觉得他说得特别对，自此以后我也爱上了拍照，我把那些长长短短的时光，来来往往的风景，点点滴滴的人事拍成了照片，变成了文字，酿成了回忆锁进了相册里，设置了仅对自己可见。

我问过一个朋友，离开的人怎么样才能让他们回来？那个朋友回答，离开的人再也回不来了。

你已经离开，我们也应该学着释怀，学着接受你已经离开的这个事实。一直忘了告诉你，这么多年感谢你的暖心陪伴，也感谢你让我知道人生应该活在当下，人生应该活得勇敢。

你离开后，我再也没有去看过你，我怕看了会忍不住想要去找你，所以我选择不去看你，你一定不会怪我，是吧。

你是那么乖巧懂事的一个姑娘，我相信你一个人在那边一定能过得很好，而在这边的我们也会努力把日子过得精彩。

写到这里，我心里对你的想念已经无法抑制。

不管你有没有空，我都会带上你最爱的花去见你。我想你所在的墓园一定很漂亮，才能配得上你这么美好的姑娘。

君问归期未有期，我们依旧是一辈子的好朋友，下辈子也是。

愿天堂没有疾病，愿你幸福快乐！

# 漫漫人生，所有的遇见都是最好的安排

希望你遍览山河，仍然觉得人间美好，因为所有的遇见，都是最好的安排。

1

人生中，最值得高兴的不是拥有多少财富，不是拥有多高的社会地位，而是无论你多么平凡普通大大咧咧，依然有人关心你，照顾你，支持你，不管不顾地陪着你走下去。

**第一个故事：你是那个让我勇敢追梦的人**

我初中时的同桌，是一位大家公认的学霸，从不偏科，成绩拔尖。

那时候我和她做同桌，心理压力其实特别大，那种成绩上的鲜明对比曾经一度让我感到很自卑，但正是有了她的在旁鞭策，才让我的中学时代过得不那么惨淡，让我有美好的回忆可追。

中考过后，我和她去了不同的高中，偶尔会写信联系。

有时她会在信中和我讨论想考的大学，毕业后想去的城市，未来想从事的工作等话题。我则习惯在信中和她絮絮叨叨地说现在的同学，新交的朋友，网络上新出的小说，以及那些一次又一次没有考好的科目。

以前我总觉得，未来还很远，人生还要走很久才会到下一个岔路口，有些人不会说散就散。现在回过头来想想，那时只道岁月绵长，其实分别只在眨眼之间。

后来高考，她顺利去了想去的大学，而我也选了一个离家很近的城市，我们的距离一下子就隔远了，我们不再是地图上重合的一个点，我们之间隔着上千公里有着十几个小时的路程。

我们见面的机会变得越来越少，她偶尔放假回来，可每次都等不到见面她又匆匆踏上归去的列车。

再后来，我大学毕业，她顺利考上研究生，留在了北京。

初中毕业十年，我和她都变成了更成熟的大人，我们离开彼此已经很久了，时至今日，我依然记得她在我毕业册上写下的那句话：离别只是海风大了，将我们帆船吹散了，等到云淡风轻时，总有再相聚的机会。

毕业十年，聚少离多。

十年过去，她在我的心里一直是那个敢于追逐梦想的人，并且她把这份追梦的热忱和执着带给了我。对，就是她，让我在无数次跌倒想要放弃的时候，有勇气重新振作起来，拍拍身上的尘土然后重新出发。

# 2

第二个故事：你是我可以随时打扰的人

之前看过一则扎心的广告，广告的主题是：你的通讯录里有多少人，你可以随时打扰的又有多少人？

这则广告一共采访了 5 个人，每个人都被连续问了 5 个扎心的问题。

采访的第一个问题："请猜一下自己的手机通讯录里有多少人？"

接受采访的人中有的说两三百人，也有的说很多个，实际上连他们自己都不清楚自己通讯录里有多少好友。甚至有人在看到通讯录里的真实人数后发出了"哇"的惊讶声："原来我的通讯录里有一千多人。"

紧接着，拍摄方提出第二个问题："请删除一些平日里你不会主动联系的人。"

于是，有人把那些平时很少联系，也互相帮不上什么忙的好友删除了。有人出于工作考虑，保留了那些虽然平时不会主动联系但是会有工作往来的人。

完了之后，拍摄方提出第三个问题："如果不用考虑工作，你的通讯录里还有多少人？"

提问进行到这里，5 个受访人中有人的通讯录里只剩下二三十个人了。

拍摄方又问："除去家人，你能说真心话的人还剩几个？"

受访者们听完这个问题，一度陷入了沉思的状态。

问题问完，揭晓答案时，5 个受访者都唏嘘不已，因为成百上千的通讯录好友最终只剩下了两三个人。

拍摄方的最后一个问题："最终留下的这几个人里，你们上一次联系是在什么时候？"

问完这个问题，5个受访者都沉默了，因为即使是最要好的朋友，也已经很久很久没有联系了。

广告的最后，拍摄方向受访者提出："给很久不联系的人打个电话吧。"

有人拨通了好友的电话却迟迟没有人接，有人接了却很快挂掉，画面看着一度让人很揪心。

这大概就是我们真实的生活，真实世界里真的没有人会在原地等你两三年，感情就是这样啊，你不去维护就会消失。

但也有让人欣慰的感情，有一个受访者打通了老友的电话，并在电话里开心地和对方聊起了世界杯和近况，两人的状态就好像从来没有分开过一样。

**果然，时间会帮你把最真的人留下。**

我相信看过这则广告的人，内心一定有着或多或少的失落和遗憾，这种失落可能是对朋友一直以来漠不关心的亏欠，也有可能来自对生活的无可奈何，毕竟我们每个人都走在成家立业的路上，我们都有自己要顾及的小家庭和一份需要努力打拼的事业。

我们不再有大把的时间和朋友一起聊天喝酒做无聊的事情，长大后的我们学着做更有效的时间管理，我们把自己宝贵的时间分割成更小的刻度，用于更有实际价值的人和事，我们开始习惯谈合作，不再和人谈感情。

人际关系中，我们好像更势力了。

想想也不是，我们只是更现实罢了。

但幸运的是，在现实的生活中，我依然能够拥有可以随时打扰，并且分享心情的好朋友。

我在开心时联系她们，在想她们的时候去见她们，我在一个人走夜路的时候找她们聊天，在演唱会的狂欢现场给她们录视频。

尽管，我们不再整天腻在一起，我们不再一起通宵熬夜讨论某一部剧，但是，我们依然存在于彼此的生命进程里，利用零散的时间给彼此一个暖心的问候，我们依然可以在彼此生日的时候送上"永远18"的祝福。

**时间好像扯远了我们的距离，但时间永远打不散的，是那份真挚的友谊。**

## 3

**第三个故事：知道你们一直都在，我就很心安**

我喜欢给特别的人备注特别的昵称，比方说：

"动不动就挣6的师父啊！"

"亲亲亲亲爱的大宝贝呀！"……

有些人的存在即使只是单纯地陪你走了一段路，但也正是他们的陪伴，使你的人生有了闪闪发光的回忆，如果他们能够一直陪你走下去，那就更棒了。

我何其幸运，在人生的第一份工作里遇见了许多可爱、真挚的同事、朋友，他们完全打破了我对"职场如战场"的定义。

他们真的好友爱啊，虽然每个人都在自己的岗位上各司其职，却又在对方需要帮助时毫不犹豫地伸出援手，每个人明明个性鲜明，却又能和和气气地为同一个目标团结在一起。

我想一定是我上辈子修了足够多的福分，这辈子才能遇到他们，不然，这么好的他们怎么会降落在我的生命里。他们耐着性子一点点教会我怎么去做事，一点点教会我怎么去做人。

是他们用丰富的人生经验告诉我，人生该怎么规划，有些路该怎么走，有些困难要怎么克服；是他们让我体验到人生的快活，梦想的可贵；也是他们让我明白，人与人之间的真情有时不一定输给利益。

真庆幸能够在人生里遇见他们。

# 4

我记着他们给过我的一点一滴的温暖、关爱和鼓励，并且我会继续带着他们给过我的所有期待继续努力地走下去，对，拼命走下去。

离开他们以后的生活里，我带着这份热忱继续前行，我又遇见了不少有趣的人，我和他们又发生了一些有趣的故事，我知道我还会继续走下去，还会遇见更多的人，我和他们还会有更多有趣的故事。

人生就是这样，你会遇见许许多多形形色色的赶路人。

有些人匆匆地来，又匆匆地走；有些人来了又走，走了又来；也有些人，不管岁月如何变迁，他们始终陪伴着你。

据说，人一生会遇到过 8263563 人，会打招呼的是 39778 人，会和 3619 人熟悉，会和 275 人亲近，但最终都会失散在人海。

**离开有时就像地球引力，每时每刻都在发生。**

**你要相信，时间真的会把最好的人留给你。**

对于那些已经走散在人海里的人，要心存感恩，因为他们给过你鲜活的回忆。

对于那些还一如既往陪在身边的人，在感恩的同时更要加倍珍惜！

# 旅途中，请感谢那些送过你一程的人

谢谢你们来过我的生命里，谢谢你们给我爱给我勇气，让我觉得漫漫人生依然值得被期待。

## 1

张爱玲在《爱》里写过这样一段话：

于千万人之中遇见你所要遇见的人，于千万年之中，时间的无涯的荒野里，没有早一步，也没有晚一步，刚巧赶上了，那也没有别的话可说，唯有轻轻地问一声："噢，你也在这里？"

虽然这段话最初用来描述爱情，但是我觉得也适用于描述友情、亲情，而且这种相遇更加难能可贵。

"千山万水，原来你也在这里，真高兴啊。"

我喜欢我的人生，我也满意我人生里所有遇到的人和经历过的事，不管好的坏的人和好的坏的事，他们让我活在一个真实的世界里，感受真实的喜怒哀乐和悲欢离愁。

谢谢你们，带着惊喜来过我的生命里。

谢谢你们，让我的生活变得与众不同。

第一我要感谢，谢谢那些给过我快乐的人和事。

不论这份快乐是长久还是短暂，我都由衷地感谢你们能参与过那段旅程，如果没有你们，我可能不会活得那么快乐，但正因为有了你们，我的快乐才更快乐。

　　这些快乐可能很微小很微小，小到只是微笑地点头和问候。

　　这些快乐可能很平常很平常，平常到只是问了一句："吃饭没？"

　　这些快乐也可能很宏大很宏大，宏大到盛装出席的一场生日会。

　　但无论是微不足道的快乐还是受人瞩目的快乐，这些快乐对我来说都是财富，生命中给过我快乐的每一个人和每一件事，那些对我而言，都是可爱的人和幸福的事。

　　我曾经是一个很悲观的人，是一个不爱笑的人，是一个朋友很少的人，但后来我开始敞开心扉去面对生活结交朋友，我渐渐发现自己变得爱笑了，我渐渐发现生活也没有我想象的那么糟糕，我也可以过得幸福快乐。

　　我知道这些快乐和幸福来之不易，所以我倍加珍惜。同样，我也想把我感受到的这些幸福分享给别人。我希望所有人每天都开开心心。

　　再次谢谢，谢谢那些在我难过无助悲观时，让我感到一丝丝快乐的人和事，谢谢你们让我重新找回快乐，让我会笑，会闹，会无惧。

# 2

　　第二我要感谢，谢谢那些让我难过的事和在我艰难岁月里伸出援手的朋友。

　　谢谢你们，让我看清现实，也看清真情。

　　我知道人活在这个世界上是不可能永远一帆风顺的，辛苦和劳累是必不可少要走的路。

以前的我也会抱怨，我会抱怨这个世界的不公，总是让我去经历一些特别不容易的事情，总是让我一个人熬着一段黑暗的看不到光的日子，总是让我努力却得不到回报，总是让我原地打转。

以前我真的讨厌极了这样的日子，我会想为什么别人那么顺利，那么幸运，为什么别人只付出了一点点努力，却能得到双倍的回报。

可是当我经历了更多的事情，熬过了一些更难的日子以后，我看到曾经那么平凡的自己开始发光发热，那一刻我特别感谢生命中的那些坎坷的经历，我感谢它们磨炼了我，锻造了我，感谢生活没有让我过得一帆风顺，而是让我雨后再遇彩虹。

是那些困难挫折成就了我日后生命中的高光时刻。

**听过一句很温暖的话：当大部分人都在关注你飞得高不高时，只有小部分人关心你飞得累不累，这就是友情。**

我感谢那些在我飞不高时，在我"遇难"时伸出手拉我一把的人，感谢他们的"救命之恩"。

曾经有一个算命老先生，他对我说，你这一生会多灾多难，但帮助你的人会有很多，正因为他们的帮助，所以你日后的每一灾每一难都会逢凶化吉。

我曾对他的解答抱有质疑，因为我总觉得人心难测，在你有困难时能够伸手帮你的人一定是少数。可是后来我发现我错了，人性善良，好多人在别人遇到困难时还是愿意伸出手帮助对方的，让对方脱离困境。

我们无法要求每个朋友都随时出现在我的身边，可是只要他们曾经在我需要他们时出现过哪怕只有一次，也足以铭记一辈子。

我常常听人说：当你在高处的时候，你的朋友知道你是谁。当你坠落的时候，你才会知道你的朋友是谁。

以前我听到这句话的时候觉得说得特别对，觉得只有在困难时还对自己不离不弃的才是真朋友，事实真的也是如此。

谢谢那些在我艰难时帮助过我的人，哪怕在你们看来这样的帮助很渺小很渺小，但于我而言却是很大很大。哪怕日后回想起来，你们不记得曾经因为哪一件事而给过我帮助，但是我却不会忘记，我会记住你们。

一直觉得，朋友就是这样，不用很多，也不用苛求太多。有人能与你相互信赖，没有欺骗与谎言，这就够了。

# 3

第三我要感谢，谢谢那些教会我坚强勇敢，让我懂得去爱的朋友。

以前我是一个很不坚强的人，考试失利了会自己一个人偷偷躲起来哭，遇到一点困难就会觉得天好像要塌下来了，也不懂得怎么样去对别人好。

现在想想，真是讨厌以前的自己。

但是很庆幸，在日复一日年复一年里，我还是抗住了那些艰难的日子，变得坚强勇敢，我还是在经历了一些人和事后懂得了爱也学会了爱，虽然过程里我受了伤。

我高中的历史老师曾经在课堂上说过一句话，时至今日我还是记忆犹新，她说：我们每一个人的生命都会经历黑暗，但是现在正是黎明前最黑暗的时候，熬过这段日子就会迎来曙光，灿烂的曙光。

我感谢所有在高考最后阶段激励过我们的老师，感谢他们说出的每一句鼓励的话、期盼的话，我也感谢所有相伴高考的所有同学。

我一直觉得人生当中有些战斗一个人是完不成的，必须靠一群人热血沸腾地去做一件事情，成功的概率才更高，而成功后的喜悦感也会翻倍。

谢谢当年和现在一如既往让我感受到生命顽强的人和事，我也会变得更加坚强勇敢，我会练就自己的战斗金身来对抗生活中所有的黑暗。

也谢谢让我感受过甜蜜也受过伤的爱情。

谈恋爱是一种能够让人快速长大的方式，谢谢那个曾温柔待我的人，谢谢你让我感受到爱，也谢谢你让我学会了如何去爱，虽然我们有过矛盾也发生过争吵，虽然最后我们没有在一起，却成为朋友。

但是我还是谢谢你，不管以哪种名义，谢谢你曾带给我悸动的欣喜和幸福，我会带着这份美好继续走下去，继续爱下去。谢谢你来过我的生命里。

# 4

第四我要感谢，谢谢那些曾出现在我生命里的陌生人。

虽然你们只在我的生命里驻足了片刻，但是你们依然给了我莫大的感动。

谢谢那些在电梯间偶遇的人，你们愿意守着电梯门等等我，帮我按下楼层。

谢谢那些我出门在外给我指过路的人，因为你们我才能见到美丽的风景。

我们的生命都是两种人两种事的总和：认识的人和不认识的人；好的事情和坏的事情。

我感恩认识的人和好的事情，我也感恩不认识的人和那些坏的事情，前者让我知道生活中有爱和运气，后者能让我知道这个世界还有温暖和希望。

所以谢谢这些出现在我生命里的陌生人，我们不知道彼此的姓和名，我们只是偶然相遇，在彼此的生命里留下一份美好的回忆，也有可能是不好的回忆，那也没有关系，因为我们只是偶然的相遇。

## 5

最后我要感谢的是未知的前方和前方的人和事。

我会抱着爱和信念继续往前走，我知道我还会遇到许许多多新的人，我还会经历许许多多未知的事情，我知道未来还有不少充满风险的事情，我也知道未来还有很多让人高兴的事情，它们都在前方等着我，而我也会不遗余力地奔向它们。

谢谢即将来临的新的生活，谢谢新生活里即将要出现的"新人们"，谢谢你们又将带给我新的人生体验和新的人生惊喜。

我们每个人都有一段"未完，待续"的故事，未达终点，你不会知道那里究竟有什么在等待着你。

我会努力走好当下的每一步，不管今后的生活里是晴空万里多于狂风暴雨，还是狂风暴雨多于晴空万里，我都会好好把握每一天，把它们都变成生命里最值得回忆的日子。

我要做一个快乐而努力的人，不会被生活裹挟着前进。

我要做一个善良感恩的人，永远热爱生活及生活中的一切。

再次感谢出现在我生命中的所有人，谢谢你们的到来。

**相信生活会温柔对待我们，相信友谊，相信大浪淘沙，相信身边的每一个朋友都是经过岁月的洗礼留下的最好的人。**

而那些只是匆匆一面抑或走散在人海里的人，我们大可以把他们放进岁月的盒子里，然后盖上盖子把他们封尘在岁月里。无论再过去几年，抑或是几十年，唯愿我们无事还能常相见。

# 只因人在风中，聚散不由你我

《山河和故人》里面有这样一句话：每个人都只能陪你走一段路，迟早是要分开的。我们来到这个世界上总会与人相遇，也总会有人半路退场。

## 1

"你咋不上天呢？"

"今天风大，暂停飞行。"

上面的这两句话出自我和好朋友浅浅的对话。

浅浅是我朋友中最幽默也具有冒险精神的一个朋友，她也是最难得聚在一起喝酒聊天的朋友。我还记得上一次和她见面是两年前，在一个小弄堂的餐馆里，那时的我俩都还没有毕业。

她大口地喝着雪啤，高兴地跟我说："毛毛，我攒够钱了，今年暑假计划去西藏。"

我问她："这趟旅程你跟谁一起去呀？"

她拍着大腿兴奋地说："就我自己一个人哪。"

我一听着急了，敲着桌子跟她说："我不同意，西藏那么远，路上又不安全，你一个人去还是一个姑娘家太危险，我坚决不同意。"

她回拍着桌子大着嗓门回我:"你不知道去一趟西藏是多少人心中的梦想吗?你怎么能阻止我去圆梦呢!不能吧,你一直以来都是支持我的呀,何况这路上哪有什么坏人,都是好人呀!"

"就是不能。"

"我偏要去。"

可能是因为喝了酒,酒精上头,两个喝高了的姑娘不顾形象地在小餐馆里你一言我一语地吵了起来,那情景现在回想起来真像是两个大傻子,但当时年少气盛也不觉得丢人。

尽管我很反对她一个人出去,但是最后我还是支持她去做了这个事情。因为我知道但凡是她打定主意要去做的事情,是谁都阻止不了的。

她出发前我跟她约定:"一路上要随时保持联系,要保证手机有足够的电量,每到一站要发一个定位给我。"

她笑着说:"好。"

然后她就带着自己平日里兼职攒起来的钱,带着自己的勇气和对西藏的那份向往出发了。

每到一站她都会给我发定位,告诉我她此时在哪里,那里有什么与众不同的地方,有哪些风景值得留恋,有哪些美食值得回味,有哪些风土人情值得惦念。

她还会给我发好多好多的照片和视频,跟我分享这一路上遇到的所有有趣的事情。

我也通过她的步伐和眼界看到了一个更大的世界,一个从没踏足过的世界。

一路上我随她一起领略了祖国的壮丽山河,也见过夺人心魄的落日黄昏，与她一起走过曲曲折折的路，到过一些叫不出名的地方，虽然没有亲自前往却也通过她的照片和视频有了身临其境般的感受，美妙极了。

她回来后跟我说："我一直认为这个世界上好人比坏人多，走出自己的安全区域到外面看看果真如此。我遇到了太多的好人，发生了太多的好事，也看到了想看的风景，我快乐极了。"

我笑着回应她："是呀，大概你是这样的好人所以你碰到的人也都是好心人，发生的事也都是好事。"

浅浅就是这样一个热爱冒险又积极乐观的姑娘，她的梦想就是一直走在路上。

后来她出行的频率越来越高，走得也越来越远。我和她独处的时间也慢慢减少，毕业后我们的生活变成了两条没有交点的平行线，一点点淡出了彼此的生活。这几年她还是继续着她的旅人生涯，而我也是日复一日地忙碌着。

## 2

蔡康永在《奇葩说》中说过一段话：

**永远不要把友情放在一个不可思议的高度上，有些朋友就是一个阶段带给自己美好东西的人，互相享受而不要互相捆绑。**

我偶尔还是会收到她从某一个不知名的地方寄来的明信片，上面还是她熟悉好看的字体，每一张不同的明信片都记录下了她不同的行走轨迹，也是她的圆梦之路。

有时候我还是会想念，想念和她一起读书写字做梦的日子，想念和她一起在不知名的天桥上对着车水马龙的城市相互调侃的日子。

那时候的她站在天桥上，指着夜晚深邃的天空说："我要做一个旅行家。有一天，我会走遍这个世界，吃遍世界美食，然后再回来过我平淡如水的人生。"

我望着她，她的眼睛亮晶晶像是摘了天上的星星，把它们一颗颗放进了自己的眼眶里。

而那时候的我也告诉她："我会成为一个很厉害的作家，我也要写好多好多的故事，给很多很多人带去希望。"

"真棒！"

"要一起努力哦！"

"好！"

如今的我们虽然离散在风中，却也在各自的人生里践行着当初的那份理想。

拉姆·达斯在《活在当下》中说：我们总是不能让该来的来，让该去的去。

这些年，我身边来来往往遇到的人中，仍然会听到不少人说想要去一趟西藏，每当听到别人这样说的时候，我总会想起当年的我们在小餐馆里不顾形象大声争吵的场景，想起她出发前那副义无反顾的样子。

这么多年我没再遇见一个像她这样的姑娘，也没有再看过谁对待梦想像她这样果断与决绝，大多数人开始被生活的琐碎拖住，被时间拖住，被钱拖住，变得怕东怕西犹犹豫豫。

真的好难得啊，能够遇见一个像她这样的姑娘陪着我走过一段难忘的时光，让我知道人生的难能可贵不是赚到了多少钱，也不是拥有了多少名和利，人生的宝贵之处是让梦想变成现实。

我知道这个世界上最美的相遇是不言过往的。

我也知道这个世界上最好的离别是不问归期的。

# 3

现在我的人生也在往更好的方向发展，我依然热爱读书写作，我也一直步履不停地在这条路上走着，我也希望圆梦的这条路上还能遇见浅浅或者像浅浅这样的姑娘，我们携手相伴彼此继续走过一段路程，见证彼此生命中的一些高光时刻。

韩寒导演的电影《后会无期》中有这样一个小情节：

陈乔恩在电影中扮演了一个追梦的小演员周沫，也是电影中主角浩汗的青梅竹马。她一个人背井离乡怀揣着梦想去大城市打拼奋斗。

主角浩汗找到周沫，后来却又因为种种原因不得不离开。

离开前周沫对浩汗及其他朋友说："如果混得不好，你们可以回来找我。"

浩汗问："那混得好了呢？"

我以为周沫会回答"那也不要忘了回来找我"这样的话。但是让我诧异的是，周沫只是淡淡地笑了笑，然后平静地说："混得好你们就不愿意回来了。"

是啊，正如张学友在《秋意浓》里唱过的两句歌词：怨只怨人在风中，聚散都不由我。

正因如此，我们才要学着原谅，原谅那些不小心被风吹散的人，被风吹散的人生，原谅他们不能陪你走更远的路，原谅他们在你人生中越来越少地出场。

其实我们都知道，有些人和事不是我们努力了就能天长地久，人生当中能够和他们同路一场已是万幸。

人生那么长，选择那么多，你能和我合拍地走过一程已经是一种莫大的缘分，后来的你无法再和我合拍地走下去，也已经没有太大的关系了，我知道你来过，便已经足够了。

我们每一个人的人生里都会有一些或大或小的裂缝，而那些已经离开的人最后都会变成一条裂缝，一个故事的花纹。我们以为那是遗憾，但其实是他们滋养了我们的人生，让我们的生活变得精彩纷呈。

宫奇峻老爷子说：人永远不知道，谁哪次不经意的跟你说了再见之后，就真的不会再见了。

# 4

我曾经采访过一批上了年纪的老红军，我陪着其中一位爷爷回过他的故乡。踏上故土的那一刻，他开心得像一个吃到了糖的孩子。

他说："大半辈子没有回来了呢，这里的一切都变得不一样了，但还是觉得很亲切。"

我知道爷爷这辈子一直和儿时的朋友保持着联系，两人十五岁参军上了战场，虽然曾经因为战争而中断过联系，但是后来战争结束国家安稳后他们又重新找到了对方。

我让爷爷联系一下他的老朋友，爷爷打了好几个电话，但是都无法接通。

采访结束，我问爷爷有没有联系上他的那位老朋友，他说："我上一次打电话给他，他好像住院了。"

讲这句话的时候，爷爷眼神平和语气轻淡，但是我知道他们的关系很好，他们曾经一起出生入死并肩作战。

我打心里羡慕他们的友情，可是大概人老了就不得不接受生离死别的现实。

你没有如期归来，而这正是离别的意义。

作家张小娴说：离别与重逢，是人生不停上演的戏，习惯了，也就不再悲怆。情浅缘深也好，情深缘浅也罢，我们要感谢生命中遇到的每一个人，发生过的每一件事情，我们会与生命中的所有人事逐一告别，然后去到我们该去的地方。

人生就像一场盛大的舞会，那个教会你最初舞步的人却未必能陪你跳到最后。

是啊，只因人在风中，聚散都不由你我。那就这样吧，愿我们一世都安好。

## 岁月漫长，愿我们在各自的时光里熠熠生辉

虽然岁月漫长，但仍然值得等待，总有一个人在你看不见的地方，陪你长大，陪你成熟，让你不再害怕孤独，让我们都活得熠熠生辉，像耀眼的钻石一样。

## 1

"你说人和人为什么要分开呀？"

"我也不知道，大概是自然规律吧。"

临睡前跟朋友聊天，聊起许多分开后没有再见过面的人，我说现在脑海里一直徘徊着童童的身影，怎么都挥之不去。我只要一闭上眼就能看到童童，只见她站起来推开椅子，转过身拍拍我的肩膀笑着对我说："走，我们去小超市逛逛，看看有什么吃的可以买。"然后我很欢快地站起来挽起她的手，和她一起说说笑笑地往外走。

我对朋友说："今天晚上我一定会做梦，梦里我一定和童童继续在找吃的，因为我俩都是吃货。"

果不其然，我做了一个长长的梦，梦里和她一起去了一个很远很远的地方，那里的风景很美很美，那里的水很清很清，那里的蓝天特别得蓝，那里的空气干净得让人忍不住想多吸几口，那里的大山看起

来十分巍峨也十分亲切，那里的美食很特别，是我们在外面不曾吃到过的味道，那里的民风很淳朴逢人就热情地打招呼。

梦里的我和她，我们一路欢声笑语，一路走走停停，好不肆意快活。但不管是梦里还是梦外，我都不知道那个地方是哪里，是国内还是国外，我不知道偌大的地球上是不是真的有这么一个美好的地方存在。

童童是我大学毕业后第一份工作时的同事，后来也成为我生活中的好朋友，虽然她大我几岁，但是这一点都不影响我和她讲悄悄话，讲私房话。她呢，也乐此不疲地陪着我，在我快乐的时候，在我难过的时候，在我心烦意乱的时候，在我无所适从的时候。

她是一个特别有趣的人，她总是能跟我一拍即合。我们俩在一起总是能碰擦出开心的火花，她爱笑，并且她的这份快乐常常能够感染到身边的人。

# 2

我一直觉得身边有一个开心爱笑的人是一件十分幸福的事，因为人生有时太难了，需要有一个快乐的人来调剂一下，而她就是这样的一个人，她总是有这样的魔力能够在你不开心的时候让你轻松快乐起来。

慢慢地我发现她惯用的套路是先给你讲好听的话，然后再给你讲好笑的故事，如果效果不好她就会和你一起吐槽，等吐槽够了再给你讲好听的话，在她的这一番操作下，你就会舒服开心了。

虽然我对她的套路和操作了如指掌，但我还是会在她的带动下开心起来，并且在她的感染下，我会觉得自己难过的事，哪怕在我看来是天大的事，最后也能变成她口中的屁大点事，没什么过不去的事。

我喜欢待在她身边，我们都喜欢待在她的身边，她是一个喜怒哀乐都很鲜活的人，我喜欢和鲜活的人交朋友。

她也是一个很善良的人。

大多数人都是善良的，出行时会主动礼让行人，见到流浪猫狗也会主动萌发同情心，有人需要帮助也能伸出援手，这些都是我们多数人的善良。但是童童的善良不太一样，她的善良里还有一份锋芒，她的善良有底线有原则。

有时候我也会觉得做一个善良的人其实挺难的，善良真的是一个很宝贵的品质，所以才会有那么多人会选择跟善良的人交朋友，那么多人在选择另一半时会加上"对方一定要善良"这一个条件。善良于我们真的很重要。

但是渐渐地我发现没有底线和原则的善良就变成了残忍。

以前我会觉得童童的善良有点强硬，但这几年我越来越觉得那才是我们的生活应该要有的态度。这几年我也学会拒绝别人无礼的要求，对不好的事情也态度坚定地说不，这几年我也变成了一个态度有点强硬的姑娘。

我觉得这没什么不好的，反而让我的生活越过越好了。我感谢这份有底线有原则的善良，我感谢我遇到过的所有不好的事情、糟糕的事情，被人骗被人食言的事情，是那些经历让我重新审视了我为人处世的原则。

# 3

我辞职后很少再和之前的同事朋友们联系，淡出彼此的生活这好像真的是分别后的自然规律。当新生活开始步入正轨，当日子被新的人事占据，旧的记忆便开始褪色，越褪越淡直到变成黑白两色，最后消失在记忆里。

2019 年 2 月，之前公司的同事说部门聚会邀请了我和童童，我俩提前到了公司，她拉着我在旁边的小食店里讲话，她说："这么久不见，我以为会生疏一些，但是见到你的时候还是觉得很亲切很熟悉，好像什么都没有变，真好啊。"

我不知道该说什么才能表达当时的内心，于是我起身抱了抱她，像是没离开时一样两个人笑呵呵坐着说了许多心里话。

她问我新工作怎么样，顺不顺利，工作中有没有遇见新的有趣的人。我说有，但是都没有她有趣。我说我现在的工作很不错，每天过得也很开心，但是总没有和从前的她们在一起时那么开心快乐。她问我为什么，我说，大概是第一次遇见了那么好的她们，体验过了真正发自内心的快乐后，就觉得其他的快乐有点差强人意。

刘同说过，一直以为，有些人见不到只是一时，还有下次，可是慢慢发现，一些人一分开就是一辈子，最可惜的是，人们也常常不知道哪一次是最后一次。

这几句话让我泪目。我曾幸福地遇见过好多人，这些人都是很好的人，我曾富有地拥有着她们，我很快活。但随着时光的流转，随着生命进程的继续，好多人悄然无声地消失在我的生命里，离开时连招呼都不打一声，我很难过。但我并不能阻止这样的事情发生，甚至每天都在发生，虽然她们中的许多人都离开了，但是我依然很感激，我感激每一个在我生命中出现过的人，我知道没有她们就没有现在的自己。

卢思浩说："你是什么样的人，就会听到什么样的歌，看到什么样的文，写出什么样的字，遇到什么样的人。"

我想我遇到的这么多人，大都是志同道合的人，我们在一起做一些事情，留下一些快乐的回忆，这样即使离开了也没有多大的关系，毕竟人生曾经有过不错的交际。

我问过不少人，为什么人与人会分开，但是她们都说不上来，只是安慰我要向前看。我想正是因为每一个人都在向前看，每一个人都有自己的生命进程，每一个人的人生轨迹都不尽相同，所以才会有离开这么一说。

**天下没有不散筵席，我们也不可能在一起腻腻歪歪一辈子。**

# 4

《心灵捕手》里有过这样一句话：她知道我所有的小瑕疵，人们称之为不完美。其实不然，那才是好东西，能选择让谁进入我们的世界。

生命中相遇的人，都是我们双手作揖请进生命里的人，虽然我不够好，有时着急了也会对朋友发脾气，但是我很开心我的生命里曾来过那么多的人，她们能够包容我的不足，和我做了一段时间的好朋友，在我的生命线上留下了许多快乐的回忆，我因为这些人这些回忆这些快乐而快乐着幸福着。

被人爱着的感觉真的很棒，我希望有人能一直爱着我，我也希望有人能一直爱着你。

我在微信上问童童，我说我们还有机会一起爬山一起喝酒一起谈天说地吗？像以前一样。她说随时都可以。虽然我知道这个"随时都可以"，是在各种事项都被安排妥当的情况下才会发生，但是我还是好开心，这种感觉就像是已经走出你生命好远好远的人，突然跑回来拥抱你，然后告诉你，傻瓜，我一直都在呢，只不过躲起来了而已。

我一直都知道人与人的分开在所难免，所以每次离别我都会和她们好好告别，我把祝福的话说了一遍又一遍，我拉着她们的手，拍着她们的肩，说着再见再见珍重珍重。

虽然我也知道有些再见是永远不再见，有些别离是永远的离别，但我不遗憾她们的离开，我会好好收着那些快乐和幸福，想她们的时候就拿出来就着清风明月当下酒菜。

我想说，那些已经离开和即将要离开的人啊，如果这辈子我们再也见不到了，我也会永远记着你们。

我会在远方默默地祝愿，祝愿我们这辈子都能活得鲜活善良充满乐趣；祝愿我们都能在彼此看不到的地方熠熠生辉，平安顺遂。

## PART3

---

# 每个人的苦难都不少，你要学会一个人成长

苦难磨炼一些人，也毁灭另一些人。

——富勒

# 余生不需要你指教了，我一个人也可以很酷

一个人究竟活成什么样子才会让人羡慕啊？大概就是他一个人却活出了整个世界的模样。

## 1

**关于爱情，我想说：如果你撞过南墙了，那么余生就请爱好自己。**

时间它告诉我们感情会变淡，说过的话可以不算，爱过的人也可以再换，这个世界没有谁离开了谁就会分崩离析，所以我们也大可以爱得坦荡肆意。

我曾经在微博上关注过一个姑娘，关注她是因为她的画有治愈的力量。她把自己和男朋友的点滴日常都变成了笔下的连载画，那个时候她在微博甜甜地写：

"陈先生，认识你真好，余下的后半生，还请你多多指教。"

我曾经一度也被他们的爱情感动。

之后很长一段时间我因为工作太忙，鲜少再去翻看微博。后来有一次终于放假得空，我打开了许久未登录的微博，想去看看最近网上发生的事情，消息刷新的刹那，我看到了这个姑娘最近一次发的微博，她说：

"只能陪你走到这里，余生也不用你指教了，我一个人也可以。"

看到这条消息时，我的心很痛，好像被针扎了一下，我进了她微博的主页，她换了个性签名，上面写着：南墙已撞，此生别过。而曾经那些满屏的幸福，如今也只剩下一地荒凉。

我不知道这个姑娘后来有没有从这段感情中走出来，但我知道她一定有所成长，她一定会变成一个更好的姑娘，未来她一定更有勇气，去面对人生中的得不到和爱别离，这大概就是爱情赋予我们的意义。

成长是一个很痛的词，有时不一定会得到，但一定会失去些什么，有时候念念不忘也不会有所回响，所以学会珍惜和感恩，才是我们最应该从一段感情里得到的成长。

你要知道，陪你喝醉的人，注定无法送你回家的。

你也要相信，每个在你生命里出现的人，都是命中注定要相遇的人，他们的到来一定有着某些原因：喜欢你的人，给了你陪伴和勇气，你喜欢你的人，则让你学会了爱和坚持；你不喜欢的人，教会了你宽容和尊重，不喜欢你的人，则让你懂得了自省和成长。

**在爱情里啊，即使付出九分喜欢，也要留一分尊严给自己，放过对方，也放过自己，别对过往恋恋不舍，也别对生活萎靡不振，未来还有大好时光，你大可活得洒脱肆意。**

# 2

人生就像是在玩超级玛丽，在你没有吃蘑菇变大的时候，连一只小王八都能秒杀你。

生活中总有些人一不小心就活成了别人眼中的异类，他们的言行举止有时看起来会与周遭的人群格格不入，他们的很多想法有时听起来也有些异想天开。但正是这些有点"特别"的人，最后却活成了别人眼中最酷的模样。

刷知乎时刷到过一个这样的话题：**你见过活得最酷的人是什么样子的？**

这个被八十多万网民关注浏览的问题，我也忍不住一窥究竟，我想里面一定有着一些很酷的回答，有着一些能够被人羡慕的人生活法。

有一条被置顶超过 1700 人的高赞的回答：

知乎上有很多酷的人，我看着他们吃着三千块的夜宵、走遍八十八个国家……或一呼百应，舒袖之间就是千万赞，觉得好酷啊。

但是知乎上最酷的那些人，我一直认为，是默默地分享着知识的人，尤其是那些冷门专业知识的人。

底下有人针对这条回答评论说：只有那些耐得住孤单和寂寞的人，才是这个世界上最酷的人。

对于这个回答，我深感认同。

我特别佩服一些人，一些能够真正沉下心来做自己事情的人。这些人有的不在乎名，有的不在乎利，有的不在乎世俗的眼光，他们只是专心地做自己喜欢的事情，也正是如此，他们总能活得更像自己。

他们可以一个人背起包翻山越岭走很远的路，哪怕有人会一直不断在耳畔说，前路凶险啊前路凶险，你还是不要上路了。

他们可以看轻别人的眼光，不管别人的嘲笑和讥讽，专心去做那些自己认为有价值的事情，尽管他们想做的那些事情不被大多数人看好和理解。

他们可以为了一个目标，几十年如一日地坚持努力不放弃，只为了离目标近一点再近一点，然后不断地挑战自己逼近极限。

这些人的人生听起来是不是很酷？

事实上，他们真的很酷，他们的酷在于始终能够忠于自己的内心，认真地生活。

# 3

**人生其实没有边界，酷的人往往能开疆拓土，自成一国。**

之前在追综艺节目《明日之子》时，我喜欢上了那个有点胖，但是笑起来很暖的男孩，毛不易。

决赛前，有一段关于他的采访，我看了特别动容。

他说，小的时候觉得，自己是个不同的孩子，但是越往后走，越觉得其实自己也没什么不同，就是那种泯然众人的感觉

陈晓楠老师听完问他："是不是那种走到现实生活里，就汇到人流里的感觉。"

他点点头，然后说道："对，还有点不甘心。"

那一年的盛夏，就是这个对生活有点不甘心的男孩子，用14首原创歌曲征服了评委和听众，拿下了《明日之子》的冠军，他的歌也在网上被疯狂传唱。

比赛最后一场，开场前，他站在镁光灯下激动地说："这个时代真的变了，长得像我这样的人也能站在台上，参加偶像类的选秀节目。"

他还借此幽默地鼓励大家，生活中要对自己有信心，有梦想千万

别放弃。

# 4

**网上有人会问：毛不易的歌为什么那么多人喜欢？**

是啊，为什么呢？大概是他的每一首歌都唱出了许多人的心声，大家都能在他的歌里、词里找到自己人生的一些缩影。

为什么要听他的歌呀？大概是人生不易，但我们仍然不能放弃努力。

毛不易曾经说过下面这些话：

也许有一天我不再能写出新的可以感动大家的歌，也许有一天我不想唱歌了，我想去卖烧烤或者收房租，也许有一天你们也都有了自己需要去忙碌的生活，没有时间来。

那个时候，可能我已经被大家忘记了，不过我希望，那个时候还有一个歌手，还有一个能写出感动你们的歌的人，希望他的歌能够让你们继续感受到这个世界的温柔。

希望那个人出现的时候，你会想到：很多年以前，有一个歌手叫毛不易，他也写过很多感动了年轻时的我的歌。

追这档节目的时候，我全程都被这个内心柔软却又坚强无比的大男孩感动着，我感动于他对生活那点不甘心的追求，我感动于他能在看穿生活后依然能够热爱生活，我感动于他追求梦想的热情和勇气，并且有永远不给自己设限的能力。

他不耀眼，不出众，没有背景，他曾是你是我，是茫茫人海里最普通的那一个人，但是现在的他有了自己的活法，有了想去的方向和想走的路，他成了最独一无二的他。

所以你看，人生没有什么是不可能发生的，有才华的人永远不会被淹没，而才华不够的人，只要努力也能去到想去的地方。

最后，我想对你说：

如果你曾在爱情里受过伤，犯过错，那么以后请你守好自己的心，别再错付真情，在真爱没来前，请你好好经营自己。

如果你曾因个性而遭到过别人的非议，我希望你能继续做自己，毕竟那是你的人生，别人没有参与的权利。

如果你曾因梦想而有过迟疑，那么我想告诉你，梦想的可贵不是深藏心底，而是为它付出全部的热情。

**南来北往，只要不迷失方向，我们都可以成为一个很酷很酷的人。**

**你能做到吗？我能做到。**

# 总要有疯狂的人和事，来完整你的人生

形形色色的人生，五味杂陈的故事，人生那么长，我们总要遇上几个有趣好玩的人；我们总要干上几件疯狂的不一样的事，来圆满我们的人生！

## 1

"我们这次北上的意义究竟是什么？"

"意义重大，躲过了十七级的台风呢！"

前一阵子好朋友莎莎在微信上跟我聊天，她说最近工作上有点不顺心，遇到的客户也很麻烦，生活也给了她不少烦心事，心情不是很好，想出去散散心。

那天她跟我说这个事情的时候，我正咬着笔推算我俩上次一起出门旅游的时间是什么时候，好像已经过去很久了呢。

我问她："我们这次是要北上还是南下。"

她说："北上或者南下都可以。"

一个星期后，我打电话给她，我说："莎莎，我的师父（工作上的前辈）让我们去他出差那里玩。他那里有大海有岛屿我们可以在海边玩沙子，我们可以自己挖些贝类，我们还可以上岛去看日出，师父说岛上的日出很漂亮。

"我们还可以去爬花果山，过水帘洞看二郎神，是电视剧《西游记》里真正的花果山水帘洞哦，听说山上还有好多好多的猴子。

"我还上网找了不少旅游攻略，好多人都推荐去看看，不然我们这次去那里吧，我师父这个月也在那里出差，他说可以和我们一起玩。"

我在电话里兴奋地跟她说了好多好多关于这个地方的消息。

但是她听完却很无奈地回答我："八月事情好多，感觉时间根本排不出来，可能要拖到九月才能出门了。"

听她这么说，我虽然已经有了心理准备，心里还是有点小失落。

然而，她挂了电话不到一分钟，就在微信上回应我，她说："这礼拜六就去吧，反正这月的工作已经忙不完了，谁知道下个月忙不忙呢，想到就去做吧！这个礼拜六我们就出门。"

看到她这条消息的时候，我的内心是狂喜的，哈哈哈。我们俩一直都是如此，有了好的想法和主意就毫不迟疑地去行动，能够有一位在你身边支持你去做任何事的朋友真的很幸福。

这几年，我和她一起去了不少地方。虽然在别人眼里，我们的每趟旅程都开始得有点匆忙缺少计划有点不靠谱，可我们一点都不介意别人的看法，只要我们自己高兴。

我对她说："那我今晚去找你，我们一起盘算盘算。"

她说："好啊，晚上七点半，电影院门口等你。"

到的时候我才发现，电影院的门口是没有座椅的，那里只有两座大石狮子。我说不然在露天的石阶上将就着坐一下吧？她说不要。

后来，我们随着人流混迹到了电影院里，若无其事地蹭着里面的座位灯光和冷气。

我们在电影院的等待区里，花了两个多小时买车票看路程，终于一切都安排妥当了以后，我俩看着对方傻乎乎地笑。

我说："我们终于又要出发了，希望这次不要再发生像上次那样的意外。"

莎莎笑着说："有些事情的发生不可避免，而我也喜欢它们的发生，这让我日后想起每段旅程的时候，都有触点可寻。"

# 2

意外的事情在我们出发的前一天发生了，气象台发布了台风预警，全城都陷入了戒备的状态，飞机停飞，好多沿海的动车火车停运。

我电话莎莎，我说："我们这里要来台风了，还挺大的，同事们都劝我别出去了，出去太危险。"

莎莎在那头回答我："我的同事也这么说。"

"那我们……"

"还是要出去的。"

"哈哈哈，是的。"

"我查过了，我们去的地方受台风的影响不大。"

就这样我们在台风天踏上了北上的路，在检票口检票入场的时候，我有一种壮丽出行的感觉。

车子启动前，在长长的候车站里我和莎莎拍了一张合照。对着摄像头看着真实镜头中的自己，我的内心很激动。

我希望自己永远年轻，永远有热情，永远都有探知未来的勇气，我在心里对自己说了无数遍真好，真好。

当列车缓缓前行，我的心也跟着动了起来。这趟旅程虽然要坐好几个小时的车，中途还要转好几站，换乘不同的交通工具，虽然每一站换乘都会因为人生地不熟而有些担忧，但这些顾虑在我们对远方未知的惊喜面前显得渺小而不值一提。

我转过头对正在看书的朋友莎莎说："我们要做一辈子的好朋友，我们要疯狂一辈子。"

不知道谁说过这样一句话：

**一棵树摇动另一棵树，一朵云推动另一朵云，只有一个好的灵魂榜样，才能唤醒撼动另一个效仿。**

我希望我能和有趣的人，疯狂的人在一起，去做几件不可思议的事、疯狂的事，看起来冲动无比的事。我喜欢那些惊喜，那些不确定，那些未知的旅途和全新人事，我要用它们来完整我平淡无奇的人生。

我们很早出发，但是到达目的地的时候也已经接近傍晚。师父和他的朋友已经早早地在接站口等我们，当他们两个男生从我们手里接过行李箱的时候，我内心竟然有一种莫名的感动。

莎莎则抑制不住激动地说："第一次出远门有人来接站的，好感动。"


## 3


那天晚上我们四个外乡人在当地租了车，看了电影，因为人生地不熟走了很多弯路，却也因此闯入了一条美食街。十一点以后的街头依然人山人海，空气里飘着诱人的香味，老板热情地打着招呼。

当时，我觉得自己眼前的这个画面很生动，虽然人声嘈杂虽然听不懂他们说的话，但是那浓浓的烟火气息，怡然自得的生活节奏一下子吸引了我，让我感觉不再陌生甚至觉得它有点可爱有点亲切有点孩子气。

真好，我又看到了一个不同的城市，遇见了一些不一样的人，看到了他们不同的生活状态。

第二天开始下小雨，当地的天气预报说台风很有可能过境，让市民做好台风天出行的准备。可我们不管，我们开着租来的车子在环城公路上飞驰，路上的车辆三三两两开得小心翼翼，只有我们的车开得飞快，好像赶着去做些什么。

我们是要去做些什么呢？我们赶着去看望久别的大海。

码头上停了不少的船只，海风呼呼地吹来，夹着浓浓的海腥味，打在皮肤上黏黏的，岸边有不少游客赤着脚拎着桶拿着铲子挖着一些贝类。前方的大海像是一个还没有睡醒的孩子懒懒地躺着，发些小脾气，时不时地打几个浪头过来。

管理员拿着喇叭站在岸边叫喊："请大家赶紧撤离，一个小时后台风就要来了，请大家伙注意，是真的台风啊，是真的台风啊。"

然而尽管如此，嬉笑打闹的孩子们依旧在沙滩上你追我赶，快乐的人们依旧快乐着，丝毫不受即将来临的台风的影响。

我站在海边，向远处眺望，尽管礁石阻挡了我的视线，但是我依然能够感受到远方的大海。

我微笑着望着它，然后把心里那些难过的事情、烦心的事情、不好的事情都抛了出去，抛向远方抛给大海。

向田邦子说过，人生不过是过山车，大起大落的时候你尖叫几声就没事了。

而在我心里，心情不好的时候就来看看大海，对着它喊上几句，心情就会好起来的。大海，它于我而言是一个心情回收站，它收走了我所有的坏心情，又把好的心情给了我。

# 4

第二天台风终于来了，风和雨都很凶猛。

花果山停止售票，我们一行人在山下顶着大风冒着大雨留了张合照。

嗯，这样也算来过。

那天晚上我们一致决定步行回酒店，路程也就两公里左右，我们走走停停花了将近一个多小时。

路上时不时会飘来一朵云，下一场短暂的大雨，台风天就是这样，阴晴不定。

雨点打湿了我们的衣服，淋湿了我们的头发，但是却没能阻止我们狂奔的脚步，脚下那些飞溅起来的水花，在空中划出漂亮的弧度又重新回归地面。

我说："我们终究还是没能避开这该死的台风。"

莎莎拉着我的手继续向前跑。她说："虽然还是受到了台风的影响，但这个夜晚在日后回想起来的时候，它是闪闪发亮的。你会想到年轻时有一群人在大雨狂奔，那是多么疯狂的一件事情。"

路上的行人不断向我们投来异样的眼光，他们不能理解为什么我们不找个地方躲一下雨，不买一把伞或者打一辆车，而是选择冒雨前行。其实我自己也不知道为什么，我只是觉得和他们一起做这件事情的时候内心很热血沸腾。

就这样，我和莎莎的这次短暂旅行在一场台风中结束了。

晚上坐火车去另一个城市中转，深夜的站台还是人潮拥挤，我们随着人流挤进了车厢。那是一辆老式的火车，一路上哼哧哼哧地响，每到一站都会下去一拨人再重新迎上来一拨人，车厢始终被不同的人挤满。

有些人没有座位就搬了板凳坐在过道里，有一些人挤在一起聊着天，有一些人聚在一起打着牌，狭小的车厢变成了一个小小的闹市，这里的每一个人都来自不同的地方，有着不同的故事，他们在这节小小的车厢里发酵，然后变成了大家共同的经历。

夜更深了，车窗的雨还没有停下，上来的人带着明显的困意，车厢里的人声渐息，高低不一的鼾声渐起，有人靠在座位上闭目养神，有人蜷缩在角落里裹紧了外衣，有人挤在过道里昏昏欲睡。

我看着车厢里的一众人，想着他们会有什么样的人生经历，想着他们来自哪里又要去到哪里，想着想着眼皮越来越重，我也开始渐入梦乡。

感谢这趟有惊无险的旅程，让我对未知的世界未知的人事又多了一点点体会，多了一点点了解。

第二天转车的时候是个大晴天，天空蔚蓝蔚蓝的，不见一朵云，台风过后的天空清澈透明，好干净。

莎莎在我旁边睡着了。我一个人望着窗外的风景发呆，脑海里一一浮现出这几年经历的人事去过的地方看过的风景，不知不觉中嘴角上扬。

我推醒了正在熟睡的莎莎，我问她："下次我们要去哪里？"

她望着窗外，然后对我说："北上的路线你负责，南下的路线我包办，以后出行抽签决定。"

于是我俩笑着一拍即合，列车继续不动声色地往前走，我想它一定也听到了我们的约定。

是的，我们还会继续行走在路上，或远或近，去做一些疯狂的事，体验不一样的鲜活的人生。

**其实南下北上，来来往往，能够经历的都是故事。**

**我们总要做一些疯狂的事情，来完整我们漫长的人生。**

# 我们什么时候才能真正〝说到做到〞

我们要努力成为一个更优质的大人，做一个言而有信的大人。记住啊，帮不到的忙就不要硬撑着答应，给不到的爱就不要敷衍着承诺。

## 1

**我们都欠自己的人生一个合理的解释。**

不信，你扪心自问一下自己，上一次你说一定要做到的事情，现在的你做到了吗？

我们好像习惯了这样的生活，习惯给自己定一些目标，习惯了随口答应别人的一些请求，习惯了轻易承诺些什么，也习惯了把那些一时兴起说出口的话抛在脑后。

我们常常能够在朋友圈里看到这样的消息：从今天开始要立志打卡减肥，一定要瘦到一百斤；从今天开始热爱读书，要做一个腹有诗书气自华的人；从今天开始一定要认真工作，学习各项技能；从今天起，要对爱的人更加关心；从今天起，要做一个热爱生活积极向上的人。

可是没几天以后，你又会看到当初那些喊着要坚持要改变的人，她们还是没有改变。说着要努力减肥变瘦的人还是频频晒出了聚会和美食；说着要与书为伴的人，最终还是让那些文字落了灰蒙了尘；说着要努力工作的人，还是在一声声"工作好累啊"中放弃了前进；说着要对身边的人更好的那些人，还是没有给他们更好的爱与陪伴。

所以你看，你的人生没有变得更好，一点都不奇怪，因为我们总是轻易地选择开始又轻易选择放弃。

经常会有人问，那些很厉害的人，他们究竟是怎么变得那么厉害的？

我曾经也有过这样的疑问，我以为那些把人生过得有声有色有滋有味的大神们一定有着普通人所不知道的东西。但是当我和她们接触，当我知道她们是如何在过生活以后，我发现她们不过也是普通人，只不过她们比普通人多了一份自律和执着。

自律是对自身的要求，执着是对待生活的态度。

朋友妮子是活得很特别的一个姑娘，她的特别在于每年都会腾出时间给自己的心灵放个假。她走过许许多多不同的地方，或人迹罕至或人头攒动或小而美或广而大，每次回来她都会和我们讲路上遇到的那些趣事，感受到的风土人情，领略到的绝妙风景。

她说人这一辈子很长，不能一直只待在一个地方，世界那么大总要出去走走才能不断成长。她说，每年给自己腾出时间，去看看这个世界，这是 18 岁时给自己的承诺。如今 10 年过去，28 岁的她依然执着在这条路上，并且会一直走下去，直到变成一个可爱又有趣的老太婆。等到真的再也走不动路的时候，她可以躺在摇椅上，纳着凉给儿孙们讲自己这辈子在路上发生的故事，想想就觉得特别有意义。

所以你看，决定开始去做一件事其实一点都不难，难能可贵的是把一件事情坚持做一下，变成生活的一个习惯，而健身看书旅行好好吃饭工作这些原本就是我们生活的一部分，只要我们稍加坚持就能融进我们的骨血里。

正如这个 18 岁时给了自己一个承诺的姑娘一样，我相信很多人年轻的时候都有想要追逐诗和远方的想法，但是却因为种种原因没有实现。年轻时有时间没钱，后来有了钱却要忙着打拼事业照顾家庭没了时间。等到有了时间也有了钱时，才发现自己已经没有了当初的那份热情。

## 2

人这一辈子走来，都有不少心愿，但其中真正能够被实现的没有几个，好多愿望我们说着说着就忘记了，许多时光我们走着走着就散了，"做不到""完不成""后悔和遗憾"都成为生命中的一种常态。

可你知道吗？生活中总有一些人能够惊艳时光温柔岁月，即使他们已经七老八十的年纪了，他们依然能够去享受世界，享受人生，享受喜悦。

之前我看到过这样一个故事，有一个老婆婆 78 岁时觉得人生很无趣，于是想要换一种活法，她把自己的想法说给别人听，许多人都嘲笑她劝她放弃。可是在一片质疑声中她却开始行动了，她给自己报了老年班认真读书写字，剩余的时间就拿去跑步健身，到了 80 岁那年她开始环游世界。

许多人对这位老婆婆发出了不友好的声音，有人说她太自私，一把年纪还不让子女省心；也有人说她太作，到了人生迟暮的阶段，还要去做这些无畏的事情。

但是这个老婆婆并没有因为这些声音而停下自己的脚步。她说，自己的前半辈子都在为家庭而活，为子女而活，剩下的时间要不遗余力地为自己而活。

我想起席慕蓉的《暮歌》里面这样写道：

我喜欢将暮未暮的原野

在这时候

所有的颜色都已沉静

而黑夜尚未来临

在山岗上那一丛郁绿里

还有着最后一笔的激情

我也喜欢将暮未暮的人生

在这时候

所有的故事都已成型

而结局尚未来临

我微笑地再做一次回首

寻我那颗曾彷徨凄楚的心

正如席慕蓉所说，在一切还未真正尘埃落定之前，只要我们愿意去改变，一切都将变得更加美好。

从现在起，如果你想去做一件事情就去做吧，不要磨磨唧唧犹犹豫豫怕东怕西。你要明白，有些事情准备去做并不等于已经做成，有些路你不去走永远都到不了终点，而有些远方只要你一步步走也终有盼头。

想要变美的人一直都在克制自己的饮食，在健身房里挥汗如雨，空暇的时间认真读书内外兼修；想要成功的人，一直都在努力奋斗提升自己的能力，抓住一切可能成功的机遇。

迷茫时你可以问问自己，现在的生活是你想要的吗？如果答案是肯定的，那么你大可随意挥霍，潦草度日；如果答案是否定的，那么请你拿出一百二十万分的努力，把你脑海中想的变成手里有的。

## 3

我们要努力成为一个更优质的大人，做一个言而有信的大人。记住啊，帮不到的忙就不要硬撑着答应，给不到的爱就不要敷衍着承诺。

生活中，我们总是容易说出"我爱你""我要跟你一辈子在一起"这样的话，但其实"我爱你"并不等于"我就能和你在一起一辈子"。有些誓言当下听着暖心，其实如琉璃翠瓦经不起推敲，在一起时给的承诺越多，分开时越觉得沉痛与不舍。

我听过很多姑娘的抱怨。她们说，他明明说过要跟我一辈子在一起的。

是啊，我们并不能否认那一刻他想要跟你在一起的决心，但是感情是一种看不见摸不着的东西，感觉更是虚无缥缈，所以才会有那一句：陪伴是最长情的告白。

陪伴才是对一个人真心的喜欢。

每一个姑娘都喜欢听甜言蜜语，热烈时也会对自己的爱情坚信不疑，安妮也不例外。

她相信男朋友对自己说过的每一个字，每一句话；她相信对方给自己的每一个承诺每一份誓言；她把这些诺言牢牢地记在心里，等着男朋友一一去把它们实现。

可是安妮并没有等来幸福，她等来一场巨大的悲伤，对方离开时跟她说，那些山盟海誓都忘了吧。

安妮难过了好久好久，后来她再也不敢勇敢去爱了。

我们身上都有这样的影子，受过伤后面对感情开始变得唯唯诺诺，也不敢再轻易许诺。

是啊，我们总是这样，在承诺时满心欢喜，在失望后痛不欲生。

我们总是说要给自己的人生一个更明媚的未来，可是一天天过去的日子依旧没有起色。

我们总是答应爸爸妈妈有空就回家吃饭，陪他们唠唠嗑看看剧，可是一年到头连春节都还在忙着加班。

我们总是在电话里和许久不见的朋友们说着下次再约，可是一推再推直到友谊淡去，也没有好好见上几面。

我们总是和伴侣说，等我忙过这阵，就一起出去走走，但是你忙完了这一阵还有下一阵，忙完了这一个项目又迎来了下一个项目，你永远都没有真正空闲的时间。

其实承诺真是一件特别美好的事情，它意味着真心和爱护，它应该被我们郑重其事地对待，它不应该变成我们敷衍人生的谎言和骗局。我们都应该竭尽全力去守护我们的承诺，就像生死契约，在说出口的刹那，就应该不遗余力地去完成它。

对自己的承诺是这样，对朋友对爱人对家人的承诺也是这样，因为只有这样，我们的人生才能走得踏实平稳。

愿我们都能成为一个脚踏实地的人，愿我们都能守护好自己的心，愿我们都能说到做到。

# 真正的务实，是做好每一件你曾经瞧不起的小事

人生难吗？当然难啊。可人生因为难就不过了吗？当然不是！人生其实不难，难的是把人生里每一件看似微不足道的小事都尽善尽美地做完。

## 1

今日头条创始人张一鸣在演讲时说过这样一段话：

我觉得，我们是一个非常浪漫的公司。同事跟我说是不是叫理想主义，浪漫有点贬义，听起来不靠谱。我说不是，理想主义还不够，浪漫比理想主义更浪漫，只不过我们是务实的浪漫。

他说对于一个企业而言，精致的文艺不是浪漫，晒情怀故意感动别人不是浪漫。真正的浪漫应该是穿越喧嚣的独立思考，是有勇气拥抱不确定的未来，是生命力的张扬，是新事物的宏大粗犷。

而这种务实的浪漫于我们普通平凡的人而言，就是做好每一件平凡而普通的小事。

你要知道，生活中那些干大事的人，曾经也做过小事；那些如雷贯耳的大名，曾经也不过是茫茫人海中的某一人。

王千源是我很喜欢的一位演员，喜欢他是因为他对待工作的务实和狂热。在《解救吾先生》这部电影中，他首次担任反叛的角色，却演出了令观众拍手叫好的水平，他也因此获得金鸡奖的荣誉。

在采访现场，王千源说："演员要做的就是不能辜负观众。"

电影中有一个 20 秒的镜头需要展示演员的身材和肌肉，为此他坚持三天没有喝水，只为了让身体保持在最佳状态。

所以你看，那些我们看起来毫不费力就成功的人生，在我们看不到的地方，藏着他们的心酸苦楚和坚忍。

你想要人前的光鲜亮丽，你就要付出比常人更多的努力，像一只蜗牛一样慢慢地爬，终有一天你也能爬到山顶，受人仰视，俯瞰山群。

你要相信，小事做多了，也能发出点点星光，照亮前行的漫漫长路。

## 2

这个世界上是没有谁可以随随便便成功。

任何一个今天做出一点成绩的人，都经历过隐忍和磨难，痛苦和纠结，怀疑和彷徨。

我记得有一次，李嘉诚曾经被记者问过一个问题："您的企业在选拔使用年轻人的时候，什么样的人您不敢用？"李嘉诚回答说："不脚踏实地的人，是一定要当心的。"

我有一个朋友，她的副业是卖蚕丝被。从挑生茧到加工成型送到客户手上，过程里的每一个环节她都要亲自把关，她甚至愿意出比别人高许多的价钱去收购质量更好的原材料。

别人都说这样的她很傻，同样是卖蚕丝被，她的投入成本却比同行高了许多，可价格却依然亲民。

有人给她建议，茧子的质量可以稍微差一点，反正外行人不识货。

有人给她建议，被子的里衬可以稍微差一点，反正做在里面看不见。

还有人给她建议，质量做工这么好，价格可以高一点，这样也可以多赚点。

这些建议，她一一拒绝。几年下来，她的回头客越来越多，这么多的顾客里，没有一个人说她的产品不好，服务态度不好。

如今，她注册了自己的商标，建立起了自己的顾客群，而她的创业之路也正在缓慢而坚定地继续着。

所以，千万不要给自己的人生偷工减料，也不要为了赶紧成功而省下某一道程序，也许正是那些看似不起眼的细节成就了我们日后人生的辉煌。

江海没有河川的汇流无法辽阔。

高山没有砂石的堆积无法巍峨。

人生里的路，真的每一步都算数。


# 3

导演李安曾经说过这样一句话："人生不只是坐着等待，好运就会从天而降。就算命中注定，也要自己去把它找出来。"

看到这句话，我忽然想起李安6年的家庭煮夫生活。他把这6年的时光用来打磨自己，他看似包揽了所有的家务，但实则是在空下来的时间里专心看书看片写剧本。

6年时间，他没有一丝怠慢，也没有浪费一点一滴的时间。

6年时间，他为自己日后成为国际一线导演积累了大量的素材。

人生不如意十之八九，有的人坐以待毙，有的人卧薪尝胆，有的人相信宿命，有的人改变命运。不同的态度，一定会带来不同的结果。

有些人一心想做大事，结果却连一件小事都没做成。

有些人做了许许多多的小事，最后却一鸣惊人。

知乎上有过一个问题：人和人的差距是怎么来的？

底下有一条评论这样说：别人有空就读书健身旅游修炼技能，而你有空只会躺着追剧刷抖音吃零食。

之前北师大的一名"90后"保安，每天除了工作，还要花上十几个小时用来复习。最后，他脱下保安制服，成为北师大的一名研究生。

人生真的没有捷径可以走，所谓比别人更快地成功，也只不过是比别人投入了更多的时间和精力。

作者李尚龙说过：这世上没有毫无准备的横空出世，只有背水一战的努力和持之以恒的坚持。

**愿你能做一个务实而努力的人，去迎接那还未到来的美好生活。**

**愿你在漫长而孤独的时光里好好努力沉淀，然后一鸣惊人。**

# 愿你精致到老，眼里充满希望，笑里全是坦荡

这一生，愿你看轻别人的目光；这一生，愿你活得烈马青葱；这一生，愿你精致坦荡安好幸福！

## 1

今天我要讲一个橘子的故事。

这是一个励志有趣快乐的故事。

今天我要把这个故事带给不太快乐的你，正在难过的你，有点颓丧的你，希望你看过她的故事后可以抛开那些难过的事，开心快乐起来，希望你能在她的故事里找到勇气和希望，然后把这份勇气和希望内化为自己心中的力量，去对抗生活中的黑暗。

你准备好听她的故事了吗？我要开始慢慢说了哦。

我和橘子相识还不满一年，写这篇文章的时候还差 22 天。

但是这一点都不影响我对她的了解，因为在过去的 300 多天里，除了节假日，我们几乎每天都腻在一起，一起工作一起唠嗑一起聊八卦。

她是我截至目前的人生里见过的活得最乐观、最开朗、最积极向上，也最热情善良的姑娘，她让我对生活和对这个世界都有了不一样的理解。

　　每天中午和橘子一起吃饭的时光是一天中最高兴的时光。

　　每天中午她都会把自己从家里带来的美味饭菜和大家分享，这个过程里真的很有家的感觉。

　　除了分享自己的私房饭菜外，她还会分享自己能够分享的一切事物：新鲜的水果，好喝的牛奶，香甜可口的面包，生活上的小技巧，工作中积累的经验，等等。

　　不可否认，她一直如此，她一直都是一个热情善良的姑娘。

　　每天早上她都会问你吃早饭了没有，如果她知道你还没有吃早饭，就会把自己的早饭分你一半，然后还会特别关心跟你说："不吃早饭不行哦，下次你来不及我帮你买，但是前提是你要告诉我。"

　　她就是如此善良的一个人，她也特别直爽，有一说一，对人从不藏着掖着，我特别喜欢她光明磊落的这一点。

　　有一次我问她："橘子宝宝，你待人一直都是这般热情友好吗？"

　　她说："是啊，因为我一直认为我对别人好，别人也会对我好，人与人之间的情感都是相互的。"

　　然后她给我讲了一个很长很长的故事，关于她自己的故事。她说：

　　"2008 年我考上大学，在考上大学前我还没有一个人出过省，我甚至都没有走出过咱们这个小县城，然而我却要一个人去很远很远的地方念书。

　　"我爸和我妈都不识字，虽然他们想要送我去上学，但是我怕不识字的他们找不到回家的路，所以我拒绝让他们送我。

"我一个人拎着一个超大的袋子，就是那种可以塞下很多东西的大袋子，而且它很丑。

"那个时候快递还没有现在这么方便，我所有的衣服被子生活用品等东西都装在了袋子里，放在了行李箱里以及塞在了我的背包里。

"我一个人拎着袋子拖着行李箱背着背包去了千里外的地方报到念书，其实对于那个年纪的我而言，第一次一个人出那么远的门，心里真的特别害怕。

"当时交通也没有那么方便，从家出发根本没有到那个城市的交通工具，我得转两趟车再走好远的路才能到学校。但中途我却因为不熟悉路坐过了站，大巴车司机不得已把我放在高速入口处。当时我的内心是绝望的，眼泪哗哗地流，心里想着自己再也回不去了。

"我带着行李在陌生的路上走了很久很久，又累又渴，最后我终于打到了一辆车，上车的刹那，我觉得自己得救了。

"到了学校先报到，领了宿舍钥匙，一个人拖着大包小包去宿舍整理。宿舍里其他室友都还没有来，偌大的宿舍只有我一个人进进出出，走廊黑着灯，那一天整一层楼只有零星的几个人。

"整理完床铺后我想出门去吃个饭，粗心的我在关上门后才记起自己忘带了钥匙，于是一个人忐忑不安不知道该如何是好。

"那个时候自己真的又蠢又傻，一个农村出来的姑娘也没有见过什么世面，不知道如何求助。我也没有心情去吃饭了，一个人蹲在门口等啊等，心里盼着下一个人出现。

"等到天黑，我心想今天晚上没有指望了，得在门口过夜了。这个时候，我的另一个室友出现了，她不仅给我开了门还给了我一些吃的，当时就觉得她真是我世界里的光，她一定是我的救星，她的及时出现让我不再有床不能睡，有住的地方不能回。

"我感谢她，真的很感谢她，感谢她在我那么糟糕的一天里出现，给我带来温暖。

"从此以后，我和她成了无话不说的好朋友，我可以为她做一切事情，我可以把我拥有的一切拿出来与她共享，她对我也是这样。

"虽然我知道这样做很傻，但是我觉得这份情谊很难得。从小到大我是一个很少得到爱的人，但后来我开始珍惜生命中的点滴幸福，也把我的爱给别人。"

我听完了她的故事，这是一个特别简单的故事。

这其实也是一个悲伤的故事，可从她的口里说出来却多了一份淡淡的温暖，可能是因为她本身就是一个很暖的人，所以容易感受到温暖，也可能她缺少这样的爱和温暖，所以格外珍惜。

# 2

其实，生活中像桔子这样热情善良而又知足的人真的不多，更加难能可贵的是她还乐观上进。

她除了日常工作还有自己热爱的一份事业，她用心经营着自己的朋友圈，在朋友圈里卖她的各类蚕丝产品，大人小孩的蚕丝棉袄、背心以及蚕丝被。

这一行她一做就是五六年，其间她的宝宝出生了，她还用宝宝的花名注册了商标——桐姐。

她希望有一天她的产品也会像孩子一样长大成人，它们会去到世界各地，成为一个被很多很多人喜欢和认可的品牌。

是的，我也相信她能够做到，她一定会做到的。

其实我们人生里走的每一步，都是成长。创业，真的是一件很辛苦很辛苦的事情，尤其是手工行业。

我曾经在这本书中的另一篇文章里写过我的另一位朋友，她是一位特别务实注重细节的人，而事实也是如此。

她没有团队，她只有自己和家人。但是通过五年时间的积累，她有了很多顾客，她的顾客又给她介绍了很多顾客。

她说她要把产品做得更好，才能对得起别人给自己的这份信任和支持，而她也这样去做了。

在自己能够触及的范围内收购最好的蚕茧，哪怕会花更多的钱；在自己能够把控的范围内把产品做到最好，哪怕会花更多的时间和精力。

# 3

在橘子朋友圈里，我见过她为了能够让产品早点到顾客手里，深夜还在努力；我时常听她谴责自己，只是因为产品做工上一点小小的瑕疵，而那点小小的瑕疵哪怕只有她自己知道；我听过她给顾客打电话，她明明可以把她的产品卖得更贵一点，但是她没有，她给出的价格特别实惠。

这样的她听起来是不是很傻很执拗？很多人都说她傻，连她的顾客都说她太实诚，可是傻人也有傻福。正是因为她的这份坦诚和善良、执拗和认真，让她有了一份自己的小事业。

放眼望去像她这样较真的人真的不多，像她这样拼命的人也不多。生活中面对风风雨雨挫折坎坷，我们总是喜欢拿顺其自然来安慰自己。

但是什么又是真正的顺其自然呢？真正的顺其自然是竭尽所能后的不强求，真正的顺其自然并不是两手一摊的毫无作为。

她走的每一步都踏实沉稳也小心翼翼，那是她选择去走的路，她毫无畏惧地面对着这条路上所有的风险，也笑着迎接所有的喜悦。

她是一个特别爱笑的人，只要有一点点让人开心的事，她都会开怀大笑，是真正发自内心的那种开心的笑。

她是一个特别暖心的人，别人有一点点不开心的事，如果她知道了就会想尽办法去安慰对方，让对方开心起来。

她是一个特别阳光的人，她就像是一个永远都在发光发热的小太阳，永远散发着正能量，让人忍不住想靠近。

她是一个特别靠谱的人，无论在工作上还是在生活中，她能把每一件事情都稳妥地办好，她会让人觉得很放心。

她是一个内心特别丰盛的人，她保持着一颗好奇好学的心，她永不止步，她永远怀揣着热情在学习。

她是一个特别好的人，我再也找不到形容词去描绘她的好，是体贴的好，是安心的好，是无与伦比的好。

我为什么要用这样一个标题来写写我胖胖的桔子？

是的，她是胖胖的桔子。

是啊，她其实活得并不精致，她其实活得挺粗糙的。

她的生活没有红酒与咖啡，没有香水和高跟鞋，也没有说走就走的旅行，一个精致女生该有的模样她都没有。

她有的是因为辛勤劳作而日渐粗糙的手。她有的是因为熬夜拉蚕丝而生出的黑眼圈。她有的是因为生孩子而走样再也回不去的身材。她有的是因为扛起家庭的重担而厚实的肩膀。

是的，她不精致。

可是，她也很精致。

今天，我要给精致重新定义。

她的精致是把自己的命运牢牢地抓在自己手里，不服输也不放弃；她的精致是有勇气去做一份自己热爱的事业，并且为了这份事业不遗余力；她的精致是认真对待每一件事，用心对待每一个顾客，微笑给别人，难过都留给自己；她的精致是感恩遇到过的每一个人，感恩生活给予的全部好和坏，感恩生命；她的精致是热忱，是坦荡，是善良，是人格独立，是逆风而上。

她是一个人，也是一群人的总和。

# 4

我喜欢这样的人。她们懂得照顾自己，也懂得享受生活，虽然她们不常倾诉，她们总是自己一个人消化掉所有的困难和泪水，她们表现得很柔软，但是内心却坚强无比，她们有自己热爱的事业，也有自己的兴趣爱好，她们活得感性也活得理性。

我曾在公司里策划过一个全民营销的活动，也就是大家一起做销售。

在这为期一个月的活动中，桔子的业绩十分耀眼，很多向她购买产品的人其实并非被产品打动，而是被她的热情感染。

她不会讲精致的话，但她讲的每一句都是实话。

她不会做台面上漂亮的事，但她做的每件事都很漂亮。

她是一个眼里长着太阳，笑里全是坦荡的人。我想这就是她能走到现在的原因，她能获得大家肯定和支持的原因，也是她未来能够成功的基石。我盼她早日成功，也祝她成功快乐。

今天我把她的故事带给大家，我希望她的故事能够给我们的人生一点点助力。让我们一起做一个积极向上的人，向阳而生。让我们一起做一个温暖的人，读温暖的句子，做暖心的事情，眼里全是温柔与笑意。

人生这段旅程能够陪我们走下去的人寥寥无几，我们要学着自己出发，成为自己的光亮，成为自己冬日里的暖阳，夏日里的冰镇西瓜，秋日里的柔软围巾，春日里的好心情。

最重要的是，我们要成为自己，更要成全自己。

愿你每天醒来都是阳光，愿你看轻生活的难，迎接美好。

愿你有一些不错的爱好，愿你有一个可以去实践的梦想。

愿你多读书走很远的路，愿你爱很多人也被很多人爱着。

愿你走过人山人海的闹市，也遍览这世界上的壮丽山河。

愿你能够一直精致下去，眼里充满希望，笑里全是坦荡。

# 回家的路不远，在梦里走过好几遍

长大后，我走过很多的路，去过很远的地方，也遍历过这世间的繁华霓虹；心里却总想着那条回家的路，从南向北，从北到南，周而复始，不曾停歇。

## 1

"那是鲸鱼吗？"

"应该是吧。"

"它怎么在这里？"

"游这么远，应该也是为了回家吧。"

南南是我在南下火车上认识的一个姑娘。看到她时的第一眼觉得她有点酷，酷酷的发型，酷酷的打扮，双目微合，紧闭着嘴角，连我坐下时和她热情地打招呼，她也只是睁开眼向我微微点了点头。

一路上有很长一段时间，我们各自戴着耳机沉浸在自己的世界里不吭一声。我没再和她搭话，她也继续保持着一副生人勿近的表情。

列车驶入后半程，车窗外的风景开始变化，出现了蓝蓝的天，白白的云，隔着车窗都能感受到亚热带的潮湿气息，目的地距离我们越来越近了。

这个时候坐在我旁边的她开始不淡定地拿出手机对着窗外疯狂地拍照，嘴巴里还不停地喃喃着什么，声音听起来有点难过。

我小心翼翼地问她："姑娘，你没事吧？"

她回过头眼眶红红的却笑着说："我没事，我这是高兴，我终于可以带着我奶奶来看看大海吹吹海风喝喝甜甜的椰汁了。"

我当时听她说完的第一个反应是："哇，这姑娘可真是孝顺啊。"

于是我问她："奶奶是不是在别的车厢？要不要把奶奶叫过来？我可以和奶奶换一下位置，让她和你坐一起，这样你们就可以一起说说笑笑看风景啦。"

她摸着手上的一只银镯子幸福地说："我的奶奶一直都和我在一起，她从来都没有离开过我。"

我刚想问她周围哪一个老人是她的奶奶，转身的时候不小心扯到她的衣服，这时我才注意到这个姑娘的手臂上挂着黑布条，那是亲人去世的标志，而眼前这块小小的黑布也深深地扎进了我的心里，我张了张口，不知道该怎么安慰这个姑娘。

她可能注意到了我情绪的变化，解释说："我的奶奶已经离开我去了天堂，这只镯子是她留给我唯一的念想。"

此刻这个第一眼让人看起来酷酷的姑娘，仿佛变回了那个依偎在奶奶身旁的孩子。

"我从小是奶奶带大的，小时候爸妈忙着工作赚钱没时间管我就把我放在奶奶身边。我的奶奶特别爱我，她自己节衣缩食却从来没有亏待过我，她会给我煮味道鲜美的小面，也会给我买好吃的零食，逢年过节还会带我去看她爱看的戏剧。

"我们还一起养过一只猫和一只狗，它们每天都会陪着奶奶一起站在村口的马路上等我放学。

"跟着奶奶生活的日子，我真的觉得很幸福呢。

"但是后来，妈妈为了让我考上更好的大学，给我换了新的学习环境，我还是离开了她们，离开了那个从小生长的地方，也离开了爱我疼我的奶奶。

"从此繁重的学业和新鲜的人事填满了我全新的生活。我从深深地想念奶奶到后来浅浅地回想和奶奶住过的那段时光，奶奶及奶奶的爱变成了我心底里面的一段光。

"再后来我念大学，回去看望奶奶的次数也变得越来越少，毕业工作后变得更加繁忙就再也没有回去看过奶奶。

"在我的印象里奶奶一直很硬朗，爬上爬下腿脚灵活，也可以走好远的路。

"我以为奶奶会一直这样健健康康地活下去，活到一百岁成为一个可爱健康的老婆婆。可是原来不是这样子的，原来我一天天长大的过程就是她一天天变得更老的过程，原来有一天她也会离开我，我再也见不到她了，吃不到她亲手做的小面了。

"奶奶说，她这辈子最大的心愿就是来看一次大海。她这一辈子都没有离开过家，大海是她向往的地方，所以我带着她来了。

"我好遗憾没有陪她走完生命的最后一程，我好遗憾在我长大成人的时间里没有回去多看看她，陪陪她唠唠家长里短，告诉她我过得很好，让她不用挂念，让她照顾好自己。"

她说了很多和她奶奶的故事，我们的火车在她和她奶奶的故事中到站了。她开心地提起行李，迫不及待地带着奶奶的心愿奔向大海，分别前我拉着她的手，我告诉她："其实你的奶奶留给你的不仅是这只镯子，还有一份沉甸甸的爱，祝你们旅途愉快。"

她对着我开心地笑了笑，没入了人海。

我在站台上看着她转身离开，心里有一种说不出的感动，每一次听这样的故事，我都会被感动。

不可否认，我们在不断长大的时光里总要离开家，失去一些人。

**朱自清在《冬天》里写道：从此我的故乡只有冬夏，再无春秋。**

# 2

我想起前一阵子在大城市工作的朋友给我打电话，他跟我说，和他一起来的同事已经辞职回家创业了，他说他特别羡慕这位同事有勇气辞职回家重新开始，他说他现在也特别想回家，回家陪在爸爸妈妈的身边。

这是他去大城市打拼的第三年，每一年他都会跟我说起这个话题，但是每年春节过完后，他还是会打包行李重新回去工作。

我问他："是大城市不好，还是工作发展得不好。"

他的回答是："都好。"

我又问他："既然都好，那为什么还要想着回到小城市，何况你的资源人脉都在工作的大城市里，回家意味着一切都要重新开始，以前所有的努力都白费了。"

他想了想很认真地告诉我："可是我在大城市里没有归属感，那是一种很可怕的生活。你每天努力上班工作，但是没有人在家里等你，你也吃不上热腾腾的饭菜。那座城市很大，也很繁华，却没有一处真正属于我的天地。"

他停顿了一下，接着说道："有时候我也会想自己是不是太贪心了，既想实现理想又想要家人陪伴在身边的温暖。可你知道吗，年龄越大越想要回家，哪怕在家里的灶边坐坐都感觉日子十分美好。而在这座城市里我没有一个真正的家，我只有一腔的热情和所谓的梦想。

"我每天都会做梦，梦见自己走在回家的路上，路上看到的人都是很亲切的家乡人，他们友好地和我打招呼，笑着跟我说，你回来啦。那种感觉真的特别温暖。"

听了他的话，我陷入沉思。我知道我们每一个人在年少时都有自己的梦想和向往，我们憧憬着未来，向往着远方的生活，倾慕着远方的风景，于是我们毫不犹豫地离开家，不顾一切地奔向异乡。

但是当我们真正离开了故土，离开了爸妈，一个人经历了人生的酸甜苦辣，就会开始怀念小城的闲适和美好。

《异乡人》里有句话说：故乡安置不了肉身，从此有了漂泊，有了远方。异乡安置不了灵魂，从此有了归乡，有了故乡。

## 3

我也是一个曾经离开爸妈走出故乡的人，我也曾在灯红酒绿的城市里生活过，我去过很多的地方，走过很多的路，经历过许多座桥，遇见过好多场雨，也算遍历过这世间的繁华霓虹。

只身在外时，我心里念的想的还是那条回家的路。我慢慢开始明白故乡和家的含义：

**它不仅仅是日落黄昏里升起的袅袅炊烟，也不仅仅是一年四季周而复始的往返岁月。它是炊烟袅袅里的那抹担忧，它是岁岁年年里的**

那份挂念，浓浓的经久不散。

在异乡的梦里我曾到过家乡的稻田，稻粒颗颗饱满，金黄金黄的。阵阵清风吹来，稻田发出沙沙的响声，空气里满溢着稻香的味道。

在异乡的梦里我曾一遍又一遍走过放学回家的路，我听到路的尽头母亲熟悉的呼喊。然而长大后，回家的路变得遥不可及。

以前我一直觉得每一个带着梦想外出拼的人，他们的衣锦还乡一定是为了荣归故里。但是后来我渐渐体悟到，每一个离家圆梦的人能够回家便是幸福。

我们可以放下所谓的理想抱负，放下工作和压力，待在爸妈身边，每日能够吃妈妈做的饭菜，与爸爸下棋聊天。我们可以在熟悉的街头巷尾走一走，与熟悉的旧友喝个茶聊个天，我们可以放缓自己的步伐，忙里偷个闲。

我想每一个人的心里，都藏着这样的一个地方：

**它是童年所有快乐的发源地，它是妈妈喊你回家吃饭的嘹亮声响，它是家门口的那棵大大的石榴树，它是你与朋友手牵手漫步回家的那条路，它是你房门口那串亲手做起的风铃。**

周传雄有一首歌叫作《黄昏》，我特别喜欢，我曾经在这首歌底下翻到过一条网友的评论，他这样说：

"小时候，把一片口香糖掰成两块儿，很舍不得吃。那时候就天真地想，等到我长大了，有钱了，就一口气嚼一包！一定特别甜！今天突然想到了儿时这个梦想，就买了一包，当我把口香糖一片片塞进嘴里的时候，我的眼泪夺眶而出。我哽咽着大口地嚼着。心里却满是酸涩，我想，这时光一点也不甜。"

是啊，时光它一点也不甜，它拼命催着我们长大，赶着我们奔向远方，而我们也按照时光的步伐一步步向前走着。遗憾的是，我们总要在走了很长很长的路之后才会明白，我们奔赴的地方叫作异乡。

有人说，我们这一生都会走过很多地方，看过很多景致，但最美的风景还是在回家的路上，而这世间最大的幸福，就是爱你的人依然在家等你。

外出的游子大都做过一个回家的梦，梦里回家的路不长，一路上飘着爸妈的饭菜香。

**无论你过得好或者不好，成功还是失败；无论你经历过多少挫折，度过了多少不眠之夜；无论你曾去过哪里，未来又将去到何地，你都不要忘了，在你的身后，在那炊烟升起灯火闪烁的地方，是你永远的依靠。**

祝愿你永远有家可归，有人惦念。

# 我们的父母正走在和我们告别的路上

《请回答1988》里有这样一段台词：人人都想拯救世界，却没人帮妈妈洗碗，爸爸也是第一次尝试着做爸爸。

## 1

"姑姑，人老了以后是不是会死掉呀？"

"是的，宝贝。"

"那人死了以后，会去哪里呀？"

"宝贝，人死了以后会变成天上的星星。"

"爷爷奶奶，爸爸妈妈和姑姑，你们都会这样吗？"

"是的，我们都会变成星星在天上看着你。"

吃完晚饭带着五岁多的小侄女出门散步，走着走着小小年纪的她突然一脸认真地问起关于生死这个问题。

聊着聊着她松开了我的手，漆黑的夜晚中我看到她正在用力地抹眼泪，过了一会儿她又流着眼泪继续问："姑姑，等我长到你这么大的时候，爷爷奶奶还在吗？"

我摸着她的脑袋说："他们还在，只不过他们会变老变矮头发也会变得花白，走路可能还要拄着拐杖，他们可能也会变得孩子气，到那个时候就需要我们去照顾他们啦。"

她破涕为笑地说："他们还在就好。等我长大了，等我能赚钱了，我要给他们买好多好吃的，我还要带他们去北京，去故宫，爬长城，看升国旗，姑姑你去过北京吗？那里真的好大好漂亮。等我长大了，我带你们去好不好？"

我说："好！"

她高兴得手舞足蹈，可是转瞬间又小心翼翼地问我："姑姑，那等我到了爷爷奶奶的年纪，他们还在我们身边吗？"

我说："你现在五岁，爷爷和奶奶五十四岁，等你到了五十四岁的时候，爷爷奶奶已经一百多岁了，连爸爸妈妈和姑姑都快要八十了呢，我们可能都还陪着你，也有可能离开了。"

于是她停下来看着我，然后张开她的双臂给了我一个大大的拥抱。

她说："姑姑，那么我从现在开始要更爱你们。"

我深深惊讶于她想要聊的这个话题，我惊讶于小小年纪的她居然已经懂得了那么多的事情，我惊讶于她对我们的爱，我也被她的温暖所融化。只有五岁的她居然已经知道要珍惜眼前的时光，要好好陪伴生命中重要的人。

她抱了我一会，然后放开我，抬起头看向夜空，伸出手指着天上的星星说："爷爷以后一定是天上最亮的那一颗星星，因为他是我们的大家长。"

我顺着她指的方向望去，夜晚的天空好漂亮啊，深蓝色的幕布上闪着点点星光。我说："是啊，宝贝。如果你以后想我们了，就抬头看天，跟我们说说悄悄话，难过的事，高兴的事，我们在天上都可以听到哦。"

## 2

长到这么大，我鲜少会去想生死这个问题，不是它不重要，而是我特别害怕失去，我害怕爸爸妈妈会老去，我害怕看到他们头上日益增多的白发，脸上日益增多的皱纹。

很久之前，我和妈妈窝在沙发上看电视聊家常，妈妈握着我的手说："囡囡你都长这么大了，现在的日子真的是越过越快了。"

"妈妈，可是我还是喜欢在你怀里跟你撒娇，在你和爸爸身边我一直觉得自己还是一个孩子。"我忍不住又向妈妈撒起了娇。

那天晚上我和妈妈聊了好多好多小时候的事情，好多我小时候发生的糗事搞笑的事情，从妈妈的言语里我看到了自己全部的生长过程，我好像也看到了妈妈作为妈妈的艰辛。

我想起五六岁时我第一次牵着妈妈的手去上学，我在学校门口死死拽着她的手哭着叫她不要离开我。校门关起来后，我在校门里面哭，她在校门外面哭。

我想起八九岁时她来给我开家长会，老师在台上给我戴红花，当着其他小朋友和家长的面表扬我，她坐在家长席上给我竖大拇指还流下了高兴的眼泪。

我想起十五六岁时和她发生争执，原因是她不仅偷看了我的日记，还把我所有的小说都锁进了抽屉，甚至还没收了我所有的音乐卡带，我开始叛逆并用一落千丈的成绩和她对抗。

我想起十八九岁时第一次离开家住进学校，她给我整理被套衣物，还偷偷往我的行李里塞了好多好多平时不让吃的零食，嘱咐我要好好学习，然后转身偷偷地抹眼泪。

我想起二十几岁时的某天我发现了她头上的白发，结果她比我还要慌张地整理头发，着急地想要把它们都隐藏好。

她总说自己还不能老，因为还没有看到自己的女儿穿上婚纱，幸福地嫁人生子，所以她还不能老，她还要替我挡风遮雨。

以前我总觉得老去是一件很远很远的事情，远到我都忘记了爸妈头发会变白，他们的脸上也会爬满皱纹，他们的身上也会出现这样那样的小毛病。

等我惊觉时才发现爸爸妈妈已经老了，偶尔他们也会像个孩子一样的和你撒娇，说药太苦了，能不能加一点糖再吃。

# 3

作家龙应台说：所谓父母，就是那不断对着背影既欢喜又悲伤，想追回拥抱又不敢声张的人。

现在的我回到了他们的身边，他们再也不用盼着逢年过节等我回家，他们再也不用通过冷冰冰的手机屏幕和我通话，他们再也不用担心远方的我是否穿暖吃饱有没有受委屈。

我现在醒来的每一天，饭桌上都有爸爸早起准备好的热腾腾的早饭。下班也不用担心会饿着肚子，他们会变着法儿地煮好几个你喜欢吃的饭菜，然后边看电视边等你回家。天气冷时他们会提前一天提醒你天气凉了要加衣，他们的关心甚至比天气预报还要准时。

现在的我可以随时扑进他们的怀里，跟他们说说工作上遇到的难题，分享一下生活中发生的小惊喜。他们可以陪着我欢喜，陪着我难过，陪着我一起努力，这种感觉真的超棒。

就好比现在我写着这篇文章，抬头便能够看到爸爸在厨房里忙碌的身影，他一个人洗菜，一个人切菜，一个人煮菜，一个人张罗着一顿饭，时不时喊我过去试一下味道，被宠溺被爱着真的很幸福。

爸爸这个平日里不苟言笑的男人，围上围裙后也显得那么可爱。

我说："爸，你做的饭菜最好吃了。"

每次我说这句话的时候，他都笑得合不拢嘴，然后说着要给我和妈妈做一辈子的饭。

这个严肃又可爱的人，每次我和妈妈说想吃点什么，第二天那样东西就会出现在我们家的餐桌上。我多希望这样的生活可以永远继续下去，每天都能吃到他做的美食。


# 4

我曾经在网上写过不少的文章，也积累了一些粉丝，我很得意地指着我文章下面那些评论和留言对他们说："看，这些都是我的粉丝。"

爸妈不解地问："什么是粉丝？"

我得意地说："就是超级超级喜欢我写的东西，每一篇文章都会点赞留言转发的人。"

结果妈妈很诧异地说："这些都是啊，我还以为这样的人只有我和你爸两个呢。"

那一瞬间，我的喉咙被什么卡住了，眼泪朦胧有点说不出话来。那时我才意识到眼前这两个人是从我出生到现在存在的两个最铁杆的粉丝。

他们不求回报地为我付出，关心我的成长，给我爱和温暖。他们的眼睛从未有过一刻从我身上挪开，无论我做了多么出格的事情，无论我和他们发生多大的争执，他们都会原谅我并且继续不求回报地爱着我。

一定是我上辈子拯救了地球，这辈子才会遇到这么好的他们来做我的爸妈。虽然我们也会发生争执，我们也会吵架，我们也会不理解对方，但是每次争吵每次冷战最后都会融化在爱里，冰释在一粥一饭的温暖里。

我希望他们永远都是健健康康的，我希望他们可以活到一百岁甚至更久，我希望他们可以陪着我走更远的路，我也希望自己能够快快长大快快成功带他们过上更好的生活。

**听过一句话：人生啊，除了死亡，其他都是擦伤。**

我知道死亡迟早会来，但是我希望这一天可以晚点再晚点到，我想牵着他们的手去看看世界，我还想像他们宠我一样把他们宠成孩子，我想给他们买大房子，让他们过上好日子。我想让他们看着我成功，看着我变好变优秀，我希望他们能够参与我人生更多的阶段。

从现在开始，我要每天都多爱他们一点，这样未来的告别时就会少一点遗憾。从现在开始，我要每天都过得更好一点，这样他们就能够为我少操一点心。从现在开始，我要更努力更勤奋更上进，这样我才能追上他们日渐老去的速度。

正在看这篇文章的你，看完别忘了给爸妈打个电话，别忘了告诉他们你有多想他们，多爱他们。

好了，爸爸煮的红烧肉已经出炉了，这篇文章就到此为止，我要去吃肉啦！

# 在那么多希望里，我最希望你幸福

有时，柔软或许比强硬具备更强大的力量。

## 1

母亲打电话告知我，新家已经建好了，挑了个日子准备搬家，希望我回去一趟。

新家是在父亲的一手监督下施工完成的，从打桩到最后一片瓦上屋，建了一年有余，终于可以入住了。

搬家那天，父亲向大伯借了大车，家具一件件搬进屋，一旁的母亲的嘴角一直向上扬着，奶奶和爷爷更是笑得合不拢嘴。

床是母亲给我选的，和我房间的颜色很相称，清一色的素雅、干净。

父亲、大伯两人把床抬进我屋时，我在后面搭了把手，匆忙之间，膝盖撞上了柜子的一角，疼得我眼泪直冒，却始终在眼眶里，没有流出来，仍然坚持着把床放下后才赶忙去揉被撞到的地方。

一切家具都安置好以后，母亲开始拆封物品箱，把箱子里的物品都拿出来摆放好。我看了一眼我的膝盖，不到两个小时，被撞到的地方变得又青又肿了。

母亲把衣物拿到我房间的时候，我正在喷云南白药，满屋子的药水味。

母亲问："你腿怎么了，哎哟，怎么这么又青又肿的啦。"

我淡淡地说："刚才抬床进来的时候，不小心磕到柜子了。"

母亲又大呼小叫起来："这么大的人了，这么不小心，要紧吗？"

我揉着腿说："不要紧的，妈，喷点云南白药就可以了。"

晚饭后，母亲捧着一盘西瓜又进了我的房间。她把西瓜放下，又从裤兜里掏出了一瓶红花油，倒在手里就给我摩擦起来。撞到的地方一瞬间就变得火辣火辣的，眼泪又在眼眶里不停地打转了。

"小的时候是一点痛都要哇哇大叫的，现在倒是忍得住了啊！"母亲打趣地说。

"现在也感觉很痛啊，只不过大了，再也不好像小时候那样动不动就哭鼻子了。"我回应道。

我说这句话的时候突然觉得自己长大了。

有句玩笑话这样说：小时候不懂啊，居然还盼着长大。

我渐渐发现那些父母从小教育我们的话，如今变成了我们督促他们的话。

我也渐渐懂得人生的路需要一步步慢慢走，生活中的饭要一口一口好好吃。

我也渐渐积攒了些力量，去正视和抵抗这个世界的不公。

我终于也成为了一个坚强独立、有思想有主见、知足也感恩的姑娘，而这些都是漫长岁月一件一件赠予我的财富。

# 2

电影《七月与安生》里有段台词：

过得折腾一点，也不一定不幸福，就是太辛苦了。但其实，女孩子不管走哪条路，都是会辛苦的。

你想要过得好，你就会辛苦，生活的本质其实就是辛苦，甜和幸福是辛苦的附属品。但我们每一个人小小的生活里，其实都充满着一个又一个的小幸福，用心感知就能发现它们。

微博上有过一个热门话题：说一件生活中让人满心欢喜的小事。

这个话题很不起眼，可评论区里却有多达三万多条留言：

有网友说那种感觉就是凌晨醒来，发现外面天还黑着，有着雨声，并且不用工作不用上课，可以继续待在温暖的被窝里，沉沉地睡去。

有网友说幸福就是每天都可以吃到父母做的饭菜。

有网友说生活的惊喜就是醒来发现喜欢的人回消息了，还一直发一直发的那种。

也有网友说幸福就是生活中的小善意，赶时间的时候，发现别人已经按着电梯门，等你进去了。

还有网友说生活中的动力就是觉得自己做得挺糟糕时，却得到了别人的肯定和夸赞。

从这些微小而琐碎的回答里，我们看到的是一个成年人的生活状态，虽然不够理想，虽然有点孤单，虽然对目前生活的状态不够满意，庆幸的是生活没有那么残忍，它仍然帮我们制造着小惊喜，给我们一些小温暖。

**成年人的眼里，长大其实是一个丢掉快乐的过程。但也不全是，**

因为只有经历这样一个过程，我们才会明白努力生活的意义，一份情感的珍贵，人品、格局至关重要。

# 3

知乎上曾有过这样一个话题：你认为最好的生活状态是什么？

底下的评论里，我最喜欢这一条：猫吃鱼，狗吃肉，奥特曼打小怪兽，最好的生活状态就是为了目标努力，也有想要的惬意。

生活其实是一个压力圈，在这个圈里我们一直铆足了劲去学习，生活，工作，以求能够在握力器上呈现出一个人生最大值。

我们以为越努力就会越幸运，但往往我们越努力对呈现的结果越失望。

再后来，我们对生活越赌气，它对我们越是糟糕，生活的压力器我们握得越紧抓得越牢，手心就会越疼，压力越大，生活反而变得越糟糕。

我们都有过这样的时候，听着某首歌，望着某一处风景，安静得发一会呆，在那个时间段落里，心无杂物反而被幸福和满足填满。

我能明白长大成人的不易，所以更能体会努力生活的意义。

每个人都有每个人的生活难题，每个人都有每个人的心情纠结，每个人都有每个人的人生答案，每个人都有每个人的烦恼，每个人也都有每个人的小幸福。

我希望你面对生活不要着急，你可以给自己适当的压力，在能够承受的范围内拼尽全力，别蹉跎时光也别懊悔决定，每一天都可以问心无愧地在舒适的被窝里睡去，直到被第二天暖暖的阳光叫醒。

我希望你能一直生活一直爱，一直爱着去生活。

我希望你仍然有自己的小确幸，可以温暖你的内心。

我希望你能勇敢坚强，可以抵挡住生活中所有的洪荒。

我希望你能知足感恩善良乐观积极开明阳光知上进有正能量。

可是，在那么多那么多的希望里，我最希望的是你幸福。

我希望长大后的你能和儿时的你一般幸福快乐。

# PART4

---

# 岁月绵长，唯有热爱和坚持
# 迎来一路好风光

要在这个世界上获得成功，就必须坚持到底：
至死都不能放手。

——伏尔泰

# 咬着牙熬下去，才是生活

这一路走来，难免会有些孤独，难免会把一些人辜负。

## 1

放假在家熬夜追剧，中午起床的时候，我望着镜子里那个披头散发，顶着浓重黑眼圈，皮肤状态极差的姑娘，竟然有点恍惚。

这个镜子中的姑娘此刻不漂亮，不精致，有点邋里邋遢，二十几岁的脸甚至有了生活的疲态。我突然想起朋友圈里那个光鲜亮丽的自己，那个她与此时此刻眼前的自己，竟有着天壤地别。

忍不住感慨原来真实的自己也是如此的平凡普通，这样的自己与普罗大众相比也没有什么不同，也会有邋里邋遢的时候，也会为了某一部剧忍不住熬夜长黑眼圈，也会为了某一个人小鹿乱撞，也会因为委屈大哭，也会有想要放弃的时候。

原来我们都没有像朋友圈里经营出来的那么洒脱，那么自信，那么坚强。

# 2

朋友圈就像是一面巨大的落地橱窗，橱窗里面摆放着我们想要给别人展示的生活、样子和成就，而橱窗后面那个别人看不到的地方，藏着我们的小心翼翼、无可奈何，最真实的状态。

大概这就是生活吧，没有那么多的光鲜亮丽，有的是心酸，是疲惫，是苦苦支撑的煎熬，可生活即便如此，我们仍然抱有为理想生活孤注一掷的勇气。

我曾在深夜的朋友圈里见过许多人不同于白天的样子。

我见过许多分手后的人，他们白天神采奕奕照常上班见客户，但是到了深夜还是会忍不住在朋友圈里发怀念前任和感情的句子。

我见过许多异乡人，他们白天追逐梦想，觥筹交错穿梭于灯红酒绿的城市间，但是到了晚上，还是会忍不住在朋友圈里想念家乡。

我见过许多人，他们每天都笑脸迎人，他们会讲许多好听的话，保持礼貌的行为。但是到了晚上他们会变得很感性，也害怕孤独，看到伤感的话也会忍不住流泪。

每个人好像都这样，都有白天夜晚，人前人后是两个状态甚至多个状态。我们都小心翼翼地把脆弱的那一面隐藏起来，藏到别人看不到的地方，然后把我们积极向上、乐观开朗的那一面放在人前。

我们每一个人都在咬牙坚持，希望某一天可以过上自己真正想要的那种生活。

我特别喜欢杨宗纬《这一路走来》这首歌里的几句歌词：这一路走来说不上多辛苦，庆幸心里很清楚，是因为还有那么一点在乎，才执着这段旅途。

这段人生的旅途时有坎坷时有艰险也充满了惊喜和喜悦，正是这一路走来的不确定，人生才更有冒险的价值，那些委屈和感动才有经历的意义，那些失去的人和事才显得弥足珍贵。

# 3

刷朋友圈的时候，刷到朋友的总结感悟，她在总结里写着自己这小半年里的所获所得所失，写自己心态梦想规划，写生活的不易难处，写未来的憧憬美好，写单身的孤独，也写渴望成立小家的期盼。

她又在评论里说：

我们每一个人都在拼命努力，拼命自律，其实目的很简单，就是想让今后的生活再好一点，或者看起来不太差。

我们可以从容地选择我们想要的东西，从容地去我们想去的地方，从容地谈自己想谈的恋爱结自己想结的婚。

一瞬间，我竟看得有些泪眼矇眬。

10 年前我们总认为自己无所不能，只要出了学校这个社会就会任我们闯荡，人生随我们描绘。我们会活成自己想要的样子，取得一些耀眼的成就，我们会过上自己想要的生活，打造一个属于自己的小世界。

可是多数人 10 年后的样子，总是差强人意。我们做着一份平淡无奇的工作，谈一场不怎么样的恋爱，结婚生子，日子平平淡淡，生活中除了鸡毛蒜皮的那些琐碎好像再无波澜。

可是在这样一个群体之外，还有小部分人，他们仍然坚定地走在自己规划好的那条路上面，他们进程或许缓慢，身心或许疲惫，希望或许渺茫，可是他们仍然攒着劲一步一步往前走。

这样的人外表或许平凡，但是内心却足够伟大，他们不放弃生活的样子，真的让人特别崇拜。

是啊，impossible 和 I'mpossible，只差了一点，那一点就是一个人心中真正的渴望。

成功是一条十分漫长的路，在这条路上，有无数未知的东西在等着你。

**你会走过阳光大道，也会走过独木小桥。**

**你会遇上杏花春雨，也会遇上塞北秋风。**

**你会经历山重水复，也会经历柳暗花明。**

**你会体悟迷途知返，也会体悟绝处逢生。**

# 4

**海明威曾经写过："我为我喜爱的东西大费周章，所以我才能快乐如斯。"所以啊，想要过不一样的人生，总要费些力气，总要经历些艰难的。**

此刻，我希望看到这篇文章的你，不论你的生活是顺风顺水，还是正处于煎熬之中，我都希望你能继续坚持下去，希望你永远不要放弃，永远保持年轻，永远能够热泪盈眶，永远都会相信梦想，相信遗憾比失望更可怕。

《悠然假期》里有句话：人生不如意的时候，是上帝给的长假，这个时候就应该好好享受假期。当突然有一天假期结束，时来运转，人生才真正开始了。

很多人熬不过生活，缺的不是能力，不是勇气，不是机会，而是紧要关头那点别人给的希望。

可人生的希望从来不是别人给予的，而是靠自己去创造。当你感觉自己撑不下去的时候，不如放下手中的事情，好好地去感受一下当下的生活。

正如作家刘同说得那样：人生每一段低谷的出现，就是为了映衬未来的某段高峰。将人生放眼远望，便不会患得患失地觉得自己难堪，因为每一段现在的凄苦，都能成为一枚未来和子女吹嘘的勋章。

**生活确实很难，但我希望你能将这些艰难熬成蜜糖，然后迎来属于你的浪漫阳光。**

# 唯有热爱，能抵漫长岁月

这个世界上有很多事，都值得我们认真对待。

## 1

学妹给我打电话，说她又换工作了，这次是销售。电话里，她絮絮叨叨说着一年多来工作上的不如意，她说工作一点都不开心，还找不到一点成就感。

末了，她问我"学姐，为什么想找一份自己热爱的工作这么难呢？"

我问她："你上一份工作干了多久，为什么辞职？"

她想了一会，然后说："三个月零七天，我做的是一份行政助理的工作，工作内容枯燥乏味，一不小心还容易得罪人，实在不是我的理想型。"

我又问了她前几份工作辞职的原因，原因都是大同小异，不是因为工作乏味，就是同事不好相处，再或者就是薪水太低，发展前景堪忧。

粗略估计，这姑娘毕业不到一年，工作却已经换了四五份，还跨了三个行业。如此频繁地跳槽，她不仅没有找到自己满意的工作，还对未来越来越感到迷茫。

我问她："姑娘，那你心目中理想型的工作是什么样子的呢？"

她激动地说:"姐,你知道苏明玉吗?就是《都挺好》电视剧里的女主角,我就喜欢她那样子的工作,有挑战有成就感,有钱有权,生活自由,如果给我那样的工作,我会投入我全部的热情。"

听她说完,我尴尬地笑了笑,不知道该说什么好。

其实每一个人都向往这样的成功,但她却本末倒置了,并不是有了钱有了权有了成就以后才全力以赴地工作,而是全力以赴工作,投入了自己的全部热情以后,才会有地位名望钱财。

你只有先投入,才会有所收获。

这个社会上有好多人,他们风风火火地做了好多事情却都没有回应。

你知道为什么吗?因为他们从未真正投入过。"做了"很容易,"做到"却很难,就好比"知道"很简单,"懂得"却很难。

与其敷衍了事,不如沉下心来专心做一件事,把它做到极致。

当你真正投入做一件事后,会明白把一件事认认真真做好,所获得的收益远大于同时做很多事。


## 2


之前单位有一个姑娘,工作特别拼命,只要说起她的名字,大家都会赞不绝口,这姑娘工作拼命的程度,有时连男人们都比不上。

后来有一次,我在公司的期刊上看到了关于这个姑娘的采访文章。

她来公司四年多,这四年里她一个高学历的姑娘在车间做过流水工,也在三班倒的岗位上任劳任怨一待就是两年,谁也不知道她一个女孩子究竟是怎么扛过来的。

部门有了提拔晋升的名额后，这位姑娘被列入了第一人选，并且全票通过。

她在采访里说：

"毕业第一年，许多同学都穿上了好看的衣服，走在了宽敞明亮的写字楼里。对比光鲜亮丽的她们，我却穿着劳保服，每日穿梭在各种不同的机械设备里。

"记得有人笑话我，说我一个姑娘，干一份这么不体面又危险的活，丢脸死了。"

"我当时有点生气，可后来当我沉浸在这份工作里，当我一点点沉淀打磨自己，当我发现自己对工作的热情，其实来源于对工作的投入，而不是周遭的环境时，我就对别人看我的眼光毫不在意了。"

"我越来越明确自己想要什么，热爱着什么，我越来越爱现在从事的这个行业，热爱这份工作，更热爱一直坚持努力的自己。"

我被她说得这段话感动了。她真的是一个很特别的姑娘，有主见，有热情，有能力。这样的人他们的人生一定不会太差。

我特别佩服那些不计较金钱、权位、报酬，一心一意工作，认真学习的人。

因为不计较回报得失肯认真努力工作的人，他们专注的是工作事业本身，而这对他们来说就是最大的报酬，最大的快乐。

事实上，当一个人为了工作本身努力，而不是为了工作后的报酬来做事情的时候，他往往能够活得更快乐，他往往能够把工作做得更好。同样，他们也一定会收到更多的报酬。

这个社会有时很不公平，有时又很公平。

你有多努力，这个世界对你就有多特别。

就像付出和收获虽然有时会不成正比。

但是你永远只有先付出，你才会有所回报，你付出的越多，你收获的就越多。

# 3

有读者给我留言：

"毛毛，我好羡慕你写了那么多文字，看了那么多书，你是怎样坚持做到的呢？为什么，我总是坚持不下去呢？"

我说："那是因为你对读书写作这件事情不够感兴趣，不够热爱。"

知乎上有人提问：怎样才算是真正的热爱？

电影导演张小北回答了四个字：甘于平凡。

即使没有名利，也能从中得到内心的喜悦和平静。品尝过最好的，也见识过最坏的，但你仍然能尊重内心的选择。这差不多应该就是"热爱"了。

甘于平凡，甘愿花上几十年甚至一辈子的时间去做几件自己喜欢到不得了的事情。

如作者韩寒说的这样：一生所爱，回头太难。

你会不会买一本书，其实你从来不看，但是你觉得好像拥有了书中全部的知识。

你会不会制订了一个计划，其实你从来坚持不下来，你只是享受制订计划的快乐。

你会不会喜欢上一个人，其实你知道自己喜欢不了太久，你只是很久没谈恋爱了而已。

我们总是习惯了这样匆匆地开始，然后又潦潦草草地结束。

敷衍了事成了我们生活的代名词，可是当一个人对自己的生活开始用"敷衍"来搪塞时，生活也会开始对他敷衍。

这个世界上有很多事，都是当你开始认真对待以后，才发现其中包含的乐趣，你要带着关爱而不是期待地投入生活，当你对待事物越认真，对待工作越投入，你会发现能力与乐趣接踵而来。

只有当一个人真正热爱着他所做的一切，他才会愿意燃烧全部的赤诚之心与沸腾热血，倾情投入并无所畏惧。

岁月漫漫，唯有热爱能支撑我们走向绚烂的终点。

# 坚持很苦，但人生没有更快的路

*如果有机会让你回到十年前，你最想做什么？*

*我最不想辜负，十年后那个特别努力的自己。*

## 1

许多年没见的朋友打电话约吃饭。电话里她兴奋地说着最近发现了一家很不错的海鲜面馆，海鲜很新鲜，面也很有嚼劲，她说很想带我一起去吃。于是我们约好下班后在面馆碰面。

原本我以为按照套路她会先和我寒暄一下，然后再说要不要出来见个面吃个饭。可她还是和记忆里的那个她一样，爽朗直接。

我到的时候，她正站在马路边上等我，看到我，她高兴地向我招手。

面馆的生意很不错，我们挑了靠窗的位置，点了店里的特色面，然后开始聊彼此的近况。

我问她毕业后忙什么。她说毕业后去了一家文创公司，虽然专业不对口，但好在公司同事都很好，也愿意给自己成长的时间，平时上班忙工作，下班后就继续忙学习，她说实际上日子过得比上学时还要忙碌。

我和她边聊边等着我们的海鲜面。其间窗外路过两拨穿校服的学生，他们激烈地讨论着某一道题目的解法，其中有一个人还拿出纸笔推算起来。

朋友看着他们，然后转头问我："如果有机会让你回到 10 年前，你最想做什么？"

我想了想，一时间找不出一个"最"想要做的答案。于是我反问她："那么你呢？"

她思考了很久，然后一脸郑重其事地跟我说："如果有这样一个机会，我一定会对 10 年前的那个自己说，你要再努力一点，这样 10 年后你就可以少受点苦。"

我看着窗外那群衣角飞扬的少年，耳边听着朋友的回答，内心莫名地很感动。

是啊，他们那么年轻，他们的未来还有着无限种可能，而我们人生到目前为止很难再出现波澜。

**原来人生最大遗憾，不是没有成为 10 年前设想的那个自己，而是 10 年后你回想起来，才发现当初的自己都没有为后来的人生努力过，原来是 10 年前的你辜负了 10 年后的你。**

吸烟、文身、逃课、打耳洞……这些 10 年前看起来很酷的事情其实一点都不酷，只要你想去做很容易就能做到。真正酷的事情是那些不容易做到的，比如挣钱、读书，爱一个人，成就一番事业，虽然过程很辛苦，但能做到就真的很厉害。

真遗憾哪，年少时不懂，等已经懂得时，我们却已经走在变老的路上了。

## 2

我特别喜欢一句话：我们都要学会在变老的路上，变好。

如果你问我从什么时候开始，觉得自己正在变老。

我会回答你：在我大学毕业的那一天，我感觉自己不再年轻了。

那一天只要你穿着学士服，戴着学士帽，无论你走在学校里的哪一条林荫道上，无论你遇见谁，他们都会热情地跟你打招呼，笑着祝你毕业快乐。

那个夏天我没有了暑假，没有了冰冰凉的西瓜和一树听不完的蝉鸣，也没有了可以睡到自然醒的懒觉和耳边父母叫自己起床的声音。

就是从那个夏天开始，我成为一名真正的社会人，是那种再也不能用学生证打折的身份。

我开始给自己定早起的闹铃，计划上班出行的路线，然后在下班后继续加持自己的技能，学习很多职业课程。

我开始变得很忙碌，而这种忙碌再也不是听谁的要求，这大概就是人生必不可少的历程吧，你得学会自我长大，自我负责。

成长的定义不是长成自己喜欢的样子，而是一个真正的大人应该有的样子。做一个真正的大人或许辛苦，可那本该就是我们应该成为的样子。

做一个长大的成年人，不是丢掉生活的热情，隐藏起自己全部的喜怒哀乐，而是仍然有拥抱挫折的勇气，也依然能发现生活中的小美好。

年岁越是增加，越不能失掉一颗赤子之心。没有谁的人生是一帆风顺的，真正强大的人都懂得从苦里熬出花来，即便现实再难，也能从苦里找出生活的乐趣。

所以此刻正在读这篇文章的你，无论你的人生到目前为止是一帆风顺还是磕磕绊绊；无论你过去经历过多少伤痛，而眼前又有多少艰难险阻在等着你，我都希望你能抗下这些苦，然后慢慢酿成蜜。

长大后的孩子都要学会往前跑，即使鞋磨脚，夜路黑，前方远，也总好过坚持了那么久却选择半途而废。

往后余生，愿你无坚不摧，愿你百毒不侵，愿你刀枪不入，愿你平安喜乐。岁月静好，在变老的路上，愿你无忧亦无惧，一点点变得更好。

# 3

起风了，唯有努力生存。

我的人生到目前为止，从来都未想过，有一天我也能成为一名作者。但是很幸运，虽然知道我的人不是很多，作品也不多，但是依然有人一直喜欢着我，并且这种喜欢给了我继续努力下去的动力。

之前在和朋友聊起"人生有没有捷径可以走"这个话题时，他告诉我，人生哪，最快的捷径就是专注，当你专注做一件事的时候，你就在收获。你经年累月地坚持去做，那么你的收获就会越来越多，成功就会滚滚而来。

我特别认同他说的这些话，我也一直相信天道酬勤，老天爷一定会看见那些为了梦想而奋不顾身的人，它在天上看着你突破人生里一个又一个的关卡，等着你去开启成功的那一扇大门，然后把所有积攒起来的美好统统都送给你。

我见过地铁站里行色匆匆的上班人群，见过深夜街头外卖小哥飞驰而过的一抹身影，也见过街头大排档里醉得不省人事的失意人生。

这些都是倒映在我们生活里最真实的缩影，每天都有人在成功，每天都有人在失败，每天也都有人在失败里选择从头再来。

常听人说，年轻人不要和老天去争命，你要信命。

我相信啊，我特别相信。

我特别相信，即使我们掌握不了自己百分百的命运，但至少我们能够掌握自己一半的命运。并且只要我们足够努力，我们手里掌握的那一半就越庞大，获得的也就越丰硕。

你也要相信，相信你手中的这一半命运，可以凭借自己的努力扭转你人生的这场比赛。

人生哪，就是这样啊。

**没有那么多的捷径，也没有那么多的运气，更多的是攒着力气努力撑下去。因为，唯有这样，你才可能在为数不多的机遇里抓住属于你的那一份，你才可能让你的人生成为上帝手中的漏网之鱼。**

如果你觉得此刻的人生漆黑一片，什么也看不到，没关系，再坚持一下，因为天亮以后，处处都是好风光。

# 人生还长，到处都是好风光

没有人可以回到过去，但谁都可以从现在开始。我们还年轻，长长的人生可以受点风浪。

## 1

我相信我们都曾遭遇过失败，无论是在工作上，感情上还是生活上，我们都曾有过一段无人知晓的黑暗时光，可是最后我们还是能熬过这段时光，迎来我们的新生活。

**人生不会因为一次选择就输得一败涂地，却会因为不够努力而节节败退。**

小陆在微信上跟我说，他上个月拿到了提成，全部工资加起来有一万多，他在电话里开心地说这礼拜回家要请我吃饭。这是他离开家乡小城去大城市的第 11 个月，他终于有了新的突破。

他想成为小说家，并且一直在努力。大学里当别人忙着社交、活动时，他一个人抱着电脑，能在图书馆里坐上一整天，写上万的字。大学毕业后，他没有找工作，而是给了自己一个间隔年，用来安心创作。

那个时候，我们都为他做出的选择而感到担忧，毕竟每年毕业的学生有那么多，竞争那么大，你晚一年，就会错过许多机会和资源。

可是他说，选择给自己一个间隔年，一来是为了创作，二来是为了让自己更好地想清楚自己想要的是什么。

后来，间隔年结束，他在杭州找了一份小说编辑的工作，薪水不高，活儿却很多，每天要加班，有时审完稿子下班会连最后一班地铁都赶不上，每月薪水发下来交完房租水费几乎所剩无几，最后几天甚至只能吃泡面度过。

朋友们都劝他另换一份工作，可是他对这样的生活却充满了热情。他说，虽然薪水不高，但是日子过得很充实，同事们都很可爱，每天还能学到不少新的东西，尤其是能够接触特别棒的写作大神，跟着他们写作也让自己的写作水平精进不少。

现在的他更自信了，对于梦想的追逐也更加坚定。虽然他给了自己一个间隔年，脚步看似比别人慢了许多，但其实这并不妨碍人生的整体进程。

**因为人生是一场马拉松啊，起跑晚了点并不意味着人生就会输。**

梦想很难，但也不是说没有一点成功的余地，就像超级演说家刘媛媛说的那样：你要相信，命运给你一个比别人低的起点是想告诉你，让你用你的一生去奋斗出一个绝地反击的故事，这个故事关于独立、关于梦想、关于勇气、关于坚忍，它不是一个水到渠成的童话，没有一点点人间疾苦。

## 2

生活有时需要我们流泪流汗甚至流血，但那又怎么样呢？人生于我们只有一次，这一次值得我们为它全力以赴，肝脑涂地。何况我们还年轻，长长的人生还可以受点风浪。

**爱错一个人就及时回头，人生那么长，遇见几个错的人，真的很正常。**

有一次早上醒来打开手机的时候，我发现好朋友在凌晨一点多给我发了十几条语音，但是信息显示全部被撤回的状态。我给她打电话问她，你是不是不开心，是不是发生了什么事情。

她跟我说："没事，只是分手了心里有点难受，才想找你说会儿话，但是说完又觉得太矫情，就又都撤回了，现在已经都过去了。"

我能听出她语气里的逞强，也能想象她强忍着的泪水。我原本想问她为什么会分手，但是话到嘴边却不知道该怎么开口，我怕问了她会更伤心。

她假装没事地说："嗐，失恋这件事谁没经历过呀，没事啊，睡一觉就好了。"

好几个月后，我约她出来逛街，我问她，现在还会想他吗？她说："偶尔还是会想吧，但是已经没有当初那么难过了。他已经离开再也不会回来了，我也应该学着回归一个人的生活，好好过我自己的日子。"

我小心翼翼地问她，两人分开的原因。

她想了一会儿，然后对我说："我跟他刚在一起的时候，感觉就像在喝酒，每一口下去都有浓浓的酒香。现在的感觉就像是一杯被搁置了很久的凉白开，倒了可惜喝了又怕伤胃。"

感情里最怕炙热，也最怕淡然。

有一天你会发现，对方回复你微信的速度越来越慢；你们再也不会腻歪着商量纪念日该怎么过；你们不会再有热情抢双份的电影票，买双人份的爆米花；你们已经很久没有好好亲吻和深情拥抱了；甚至你们之间连早安和晚安都没有了；而当初那数不完的温柔和体贴也变成了现在吵不完的架。

曾经我们都以为，两个人感情的弱化是时间的问题，是时间消磨了我们的耐心和激情，是时间把一杯醇香炽烈的红酒变成了一杯索然无味的凉白开。但其实时间并没有错，时间维度拉长一点，我们就能看清眼前人究竟是不是心上人。

爱久见人心，爱久了该是相濡以沫，而不是置若罔闻。

一个人如果开始对你变得冷漠，不再及时回复你的消息，不再忍受你的小脾气，吵架时也不再让着你，生活中不再给你制造一些小惊喜，那么他就是不再爱你了。

不爱了也真的没关系，学着及时回头才会有更多的时间去爱下一个对的人。

**当那个不爱你的人要跟你挥手说再见时，你不必卑微地去挽留，也别回头。你要擦干泪，抬起头，你要告诉自己，别遗憾，人生还长，爱你的人正在赶来的路上。**

是啊，人生还长，眼前遇到的种种都能成为日后人生炫耀的勋章。


# 3

我特别喜欢朴树《平凡之路》里面的一句歌词：

我曾经像你像他像那野草野花，绝望着也渴望着也哭也笑平凡着。

我们都是茫茫人海中平凡的一位，我们都曾受过生活的苦，爱情的伤，工作的累。但在跋山涉水的这条路上，无论前路多么凶险，希望我们都不要放弃。

半山腰总是拥挤的，你不能老在那里站着，你要去山顶看看，那里有更好的风景，更好的人。

今天起，做一棵顽强而坚定的大树，经得起风雨的洗礼，也能接受阳光的沐浴。

今天起，披上自己的黄金铠甲，藏起自己的软弱无助，好好经营余生里的每一天。

今天起，做一个无惧无畏的人，不害怕挑战也能接受失败，敢爱敢恨，敢闯敢作。

记住啊：

**你努力一点，就会发光；你再努力一点，就会耀眼。人生还长，向前望去，到处都是好风光。**

# 千万别在最好的年纪里活得最惨

不要让自己被生活裹挟在泥泞里打滚；不要跟自己说什么就这样吧要守天命；不要被生活的鸡零狗碎碾压然后放弃；最最不要在最好的年纪里，活得最惨。

## 1

"你为什么还没有放弃？"

"我还想再拼一拼，在自己还能够吃苦的年纪。"

拿着行李走出机场的时候，迎面扑来的潮湿气息让我有些不适应，可是当我站在广州川流不息的大街上时，我内心是激动而又开心的。

我开心的是终于能够离开那个连夜生活都没有的小县城，来到这座繁华的大城市，虽然这里没有我熟悉的小弄堂，没有我习惯的饮食，连空气中的 PM 值都不一样，但是我还是喜欢这里，因为这里有我的梦想以及我要开始的全新的生活。

尽管已经做好了一万种心理准备，可当我满腔热情地走进出租屋的时候，我还是被眼前狭小的空间给震惊了。

这是一间双人宿舍，左右也不过 8 平方米，推开门就有一种强烈的窒息感，房里摆着两张上下铺的床和一个不太大的衣柜，可能因为年久失修的缘故，踩上去还会发出吱吱呀呀的声音。房间里没有冷气，天花板上装着一个老旧的电风扇，上面积了好多灰。

这就是我在广州的第一个小窝，第一眼看上去有点一言难尽的感觉，还是两个人合住。

生活给我的难题从我第一天到广州开始就已经出现了，城市于我全然陌生，我不知道哪里的东西实惠又好吃，我不知道这座城市的早晚高峰发生的时间，我不知道这里的风土人情，甚至因为不会说粤语，和别人的沟通交流都成问题。

第一个礼拜我没有投简历找工作，因为人生地不熟我也不敢出门，为了节省生活费，我买了好多的面包和泡面，一个人在出租屋里狂练粤语。

现在回想起来那一个礼拜真的过得非常糟心，深夜躺在床上听着嘎吱嘎吱的电扇声就非常非常想家。

但是尽管内心害怕又孤独，我还是撑了下来，因为不甘心就此放弃。第二个礼拜，新的室友搬了进来，我不再是一个人。

她进门的时候，我正蜷缩在上铺的小床上，戴着耳机听着歌，她跟我打招呼时脸上挂着和我当初一样震惊的表情。

我安慰她说："你很快就会适应的。"

那个下午，我和她一起把这个不足8平方米的小房间整理了一遍，经过我们精心的打扫，它看起来年轻了不少。接下来的几天时间，我们又网购了一些物品将它重新布置了一遍，布置完后，房间终于有了一点生活的气息味。

我们给不大的飘窗铺上了地毯，还换了全新的窗帘颜色，放上了一张刚刚好的小木桌，又配上了两个可爱的抱枕，这里化身成了我们娱乐学习的小天地。靠窗边室友还摆上了一些多肉植物，窗上挂起了小彩灯。装点完后，生活一下子变得美好起来！

接着，我们一起给墙面贴上了浅绿色的墙纸，那些大大小小的裂缝经过我们的努力都消失得一干二净。我们一起修好了床板，它再也不会发出吱吱呀呀的声音。我们还挂起了蚊帐，给自己围出了一片私密的空间。最后我们还一起出资给房间装上了空调，替代了摇头晃脑已经上了年纪的老电扇。

就这样，我们看着小小的宿舍经过我们的手一点点变得可爱温馨，并且有了家的感觉——它有一种重生的感觉，前一个礼拜对它的恐惧和阴霾也在一点点的改变中散去。

## 2

之前听过一句话：房子是租来的，但生活不是。

在人生的 hard 模式里，虽然会遭遇无穷无尽的辛酸苦楚，但是生活中也处处潜藏着小惊喜，只要你用一点点心，生活就能酿出蜜来。

渐渐地我发现这个小小的出租屋也有它可爱的地方。夜晚来临，坐在窗边可以吹着晚风看城市霓虹闪烁的夜景，也可以捧一本书让月亮和星星一起做伴。

我问室友："你为什么要来广州啊？"

她一脸傲娇地跟我说："总觉得自己能干成些大事，而这里刚刚好能够让我做这样的梦。"

"我也是！"

"哈哈哈，那就一起努力。"

往后的一个月里，我们做了许多事情，我们一起熟悉这座城市，包括熟悉这座城市的交通工具，这里的作息时间以及风土人情。我们也开始进入频繁的面试期。值得庆幸的是，我们都顺利地找到了工作，而且还是自己满意的工作。

收到 offer 的那一个周末，室友亲自下厨用唯一的一口锅将就着做了几个菜。我去楼下买了几瓶酒，我们在那个不大的飘窗上，举杯迎接我俩即将要开始的新生活。

"要越来越好哦！"

"一定会越来越好的！"

"干杯！"

"干杯！"

那一刻，我的心情也从灰霾沮丧失落到重新充满希望燃起熊熊斗志。我想起罗振宇老师说过的一句话：

成长就是你主观世界遇到客观世界之间的那条沟，你掉进去了，叫挫折，爬出来了，叫成长。

**是啊，让花谢的是风雨，让花开的也是风雨，可如果没有风雨，花也不会开也不会落，它不会成长。**

好在我们都没有惧怕眼前的困难，也没有放弃对生活的希望。我知道离开家乡，来到一个新的城市，难免会有一些不适应，这是身体基因在排斥，但细胞的更新速度和适应能力都很快，它会做出调整。所以当我们来到一个新的地方，不要急着去排斥它，你要相信任何一种生活都有温情的部分，只要我们用心去感受。

我和室友正式开启了异乡忙碌的生活。每天早上出门前我们会对彼此说加油，每天晚上谁先下班回宿舍就煮上养胃小粥，然后等着另一个下班回来一起享用。

有一天下班我打开门，看见室友正抱着吉他准备开唱，而锅里正冒着热气，屋里飘着淡淡的粥香。我放下包走过去和她坐在一起，她缓缓地拨动琴弦，浅浅地唱起一首好听的我不知道名字的歌。我闭上眼沉浸在她的歌声中，情不自禁地跟着她的节奏打起拍子来，工作一天的疲惫瞬时烟消云散。

我睁开眼看向窗外，窗上倒映出我们小小的身影，窗外万家灯火亮起，霓虹闪烁车流不息，当时觉得这种蜗居的日子也格外美好温馨。

我们的生活也会不断出现小插曲。比方说空调经常因为电压不够不能使用，下雨天房间里也会有漏水的情况，即使打扫得再干净还是会出现蟑螂一类的小虫子。

虽然这些小插曲让我们的生活看起来不是那么尽如人意，但在我们认真努力的生活面前显得渺小而不值一提。

# 3

我的室友工作起来真的很拼命。她早上五点半起床，花二十分钟的时间化妆，用十分钟的时间在楼下吃完早点，然后赶六点二十分的地铁，路上有八十分钟的通勤时间，这段时间里她会打开学习软件来给自己充电。

每天晚上她都会加班，她每一个月的加班时间累积往往都能超过她一个月休息时间的总和。她真的像是一个铁打的姑娘，一个永不停止旋转的陀螺，还是能够自转的那种。

她时常挂在嘴边的一句话："现在多学一样本事，以后就能少说一句求人的话。"这句话很俗，但是我特别认同，如果我们没有前几年坚持的能力，我们就没有后几年从容选择的权利，而上天从不亏待努力生活的人。

一年后，我薪水翻倍，她连升两级，我们也因此把搬新家提上了日程。

我们的新家很大，有两间独立的卧室，有两张很舒服的大床，我们再也不用蜷缩着身体躺在被窝里；新家有独立的厨房，我们再也不用熬粥度日；新家有空调冰箱洗衣机，我们再也不用担心电压不够而跳闸；新家离我们的公司很近，上班路上的通勤时间可以减少一半。

新家寓意着上一段黑暗生活的结束，它带我们进入了一段全新的旅程。搬家那天，我指着墙上的照片对室友说："想不到我们能够在这里住上一年。"

室友笑笑说："还挺好的，都一年了，也该换了。"

"祝生活越来越好。"

"干杯！"

"干杯！"

现在的我们还在广州继续努力着，虽然很辛苦，但是日子也在一点点变好。

两年过去，我们褪去了青涩、浮躁，时间让我们有了更好的成长。现在的我走在广州的大街上从容淡定自信，我了解这里的一草一木，我知道哪里的早餐店实惠好吃，我熟悉这里的每一条地铁，它们会经过哪些地方，我也知道这里的每一辆公交车，它们的行驶路线；我知道这座城市的作息时间，我也能听懂这里的人讲的话，还能够轻松地和他们交流；并且我深深地知道我能够在这里做些什么，也清楚地知道这座城市能够给到我的回报。

这两年，我们活得很辛苦，但这份辛苦让我们活得越来越体面。

或许别人只看到了现在变得更好的我们，却不知道我们也曾有过一段撸着袖子自己装灯泡抓蟑螂的日子，正是那段暗无天日的时光成全了现在的我们。

我和室友，我们会继续努力下去，在最好的年纪里，做最好的自己。

以上是我一个读者和她室友的故事，我被她们努力的样子所折服，就忍不住想把她们的故事分享给大家，希望你们能从她们的故事中看到希望，得到勇气，然后有力量去面对自己眼下的生活。

# 4

**著名影星奥黛丽·赫本说过一句很经典的话：我当然不会试图摘月，我要月亮奔我而来。**

你知道吗？头等舱有优先登机的权利，银行 VIP 可以不用排队，演唱会最贵的票的位置也最好。

这个世界从来都不平等，所有的优先待遇都基于你足够努力。

是的，你有多努力，这个世界对你就有多公平。

从现在开始，你要克服自己的懒懒散散，你要克服自己的白日做梦，你要克服自己一蹴而就的妄想。

从现在开始，你要做一个努力勤奋的人，你要脚踏实地地去拼搏，你要坚持不懈地奋斗下去。

你千万不要将人生中最好的时间荒废，你要努力地活着，活出一个更好的自己。

我国台湾歌手吴青峰说过：

请你一定要相信自己，一定要接受喜欢自己的样子，一定要让自己变成你真心喜欢的样子，如果你想要做的不是长辈所控制你的样子，不是社会所规定的样子，请你一定要为自己勇敢地站出来，温柔地推翻这个世界，然后把世界变成我们的。

**记住啊，千万别在最好的年纪里，活得最惨。**

**记住啊，我们真的可以活成自己喜欢的样子。**

# 你的人生，都藏在选择里

这世上有许许多多的人，每一个人都在过不一样的日子：有人选择埋头奋进，有人选择潦倒度日；有人选择相信爱情，有人选择将就婚姻；有人选择放弃一切重新来过，有人选择一成不变地去生活。


# 1

"同学们，老师今天必须告诉你们，选择真的有用的。"

"选择真的可以改变我们的人生，你们不能轻易放弃选择！"

这是出自电视剧《最好的我们》里班主任在文理科分班时对学生们讲的两句话。

以前我总觉得，人生努力才是真。但随着年龄的变化，我慢慢发现人生的绝大部分时间里其实都在做选择，选择才是过好人生的关键。

路遥先生在《人生》中说：人生的路虽然漫长，但紧要处只有几步。

长大后我才知道，人生中的绝大部分都是平淡无奇的。

小的时候大人们会告诉我们："要好好读书哦，这样才能出人头地。"那时候每次听到这句话时，我心中总有一种抗拒感。总觉得读书是一件漫长而枯燥的事情：每天都有学不完的字，背不完的课文，刷不完的题，还有那么多的科目要对付，想想简直让人头疼。

读书这条路，我们走了十几年，中途不断有人因读书太苦选择退出。那时我们不懂读书的意义，看着他们一个个离开的背影，心里竟然还会有一丝丝的羡慕。

印象里最深的一件事情发生在中学时代，那时候流感病毒横行，学校每天都会定时给学生测量体温，体温如果高于 37 摄氏度就必须回家隔离。那会我们班上有一个男孩子，那天给他测体温时体温计显示 37.2 摄氏度，老师给他测了两次，都在 37 摄氏度以上，无奈之下学校给他放了假，让他回家休息。

直到现在我还记得，他在背起书包离开教室时一脸兴奋并且开心地说："我终于可以不用学习了，我终于可以回家打游戏了。"

那个下午班里的同学用羡慕的眼神目送他离开，然后哀叹着继续上艰涩难懂的英语课。开家长会的时候，老师们也总会对家长们说："只有当孩子真正知道自己想学的时候，才是他们爆发实力的时候。"

当时不懂，觉得读书只是在完成爸妈老师交代的一项任务。其实读不读书，未来要走一条什么样的路都是我们自己的选择，只是幼时不懂才会觉得那是一项任务。但当许多人真正明白过来时才发现留给自己努力的时间不多了。

读书时我们总是向往学校外面的生活，我们总是迫不及待地想要挣开学校的这个笼子奔向社会。

毕业后的这几年，我越来越深刻地体验到读书和不读书，这两种人生的差别：

那些早早离开学校的人，他们虽然比读书的人多了好几年的时间去打拼，但是真正能够成功的人却寥寥无几，不是他们不够努力不够拼命，而是他们的格局眼界知识储备人脉资源都比受过高等教育的人要低些。

我曾问过一个朋友，至今为止最遗憾的一件事情是什么。

他沉默了一会，无奈地告诉我："没有好好读书，挺遗憾的，你看现在的我什么都做不了。"

长大后的你不会因为多读几年书而失去属于你的机会，却会因为能力不足而抓不住成功的那份机遇，挺遗憾的。

**真的，别抱怨读书苦，别抱怨读书枯燥，也别抱怨读书是在浪费时间。年轻时我们选择好好读书，就是选择了一条通往世界最近的路。**

## 2

何炅说过：要得到你必须付出，要付出你还要学会坚持；如果你真的觉得很难，那你就放弃，但是你放弃了就不要抱怨。

我觉得人生就是这样，世界是平衡的，每个人都是通过自己的努力，去决定自己生活的样子。

这几年同学聚会，来自天南海北的我们聚在一起时总不免感叹：

"要是当初我没有选择留在大城市里，我会不会也已经过上了有房有车的小日子呢？"

"要是当初我没有选择回家而留在了大城市里，我心里的梦想会不会已经实现一半了呢？"

"要是当初我没有嫁给相亲对象而是嫁给了一个我爱的人，现在的日子会不会幸福很多呢？"

"要是当初我成功的速度再快一点，要是我能多点时间陪陪爸妈，他们会不会更欣慰呢？"

……

人生里我们走过的每一步其实都暗藏玄机，人生是需要选择的，也正是无数的选择构成了我们如今生活的模样，没有选择的人是没有主导权可言的，因为你的一生都在听服于命运。

我想给你讲一个关于我的读者希希的故事。在没有辞职前希希是她家小县城里的一名公务员，过着让人羡慕的朝九晚五的生活，可是选择这样一份工作并不是她的本意，而是父母的希望。

父母希望她能过得轻松安逸。被父母唠叨得烦了，她就真的回家考了公务员，前后总共考了两次。公告出来她考上的那一天，爸妈给她做了满满一桌好吃的，但是她并不开心。

她说："我其实并不喜欢这种一成不变的生活，我也不知道自己能够坚持多久。"

她是那种不安于现状、不甘于平淡的姑娘，她其实是一个喜欢折腾，喜欢冒险的姑娘。后来，她还是选择辞职，然后做了一份在别人看来特别没保障的工作——旅游体验师。她的爸妈知道后急得跳脚，说她一个姑娘家放着体面的一份工作不要，非要跑出去折腾。

她也因此和他们发生激烈的争执，陷入了冷战，局面一度很难看。但是这次希希没有选择向爸妈妥协，她拖起行李箱，离开家走向了她喜欢的世界。

她会体验然后做详细的旅游攻略，她也会拍好看的照片和视频，然后把它们整理发布在自己的公众号上，也因为如此吸引来不少志同道合的人。每次只要她更新，底下都会有好多粉丝点赞留言，粉丝们还会鼓励她，大家都希望她能继续走下去，替我们去看更多有趣的地方。

她在路上走了两年，她的爸爸妈妈也从一开始的不理解、生气、愤怒到要跟她断绝关系到开始理解她、支持她、鼓励她，甚至和她一起去看这个世界。

她27岁那年，在旅行的路上遇到了另一个他，他们一拍即合开始结伴而行，两个人一起走过了许许多多的地方。在她生日那天，男孩子在海边准备了浪漫的烛光晚餐跟她深情告白了，而她喜极而泣，高兴地点头答应。

# 3

28岁这一年，他们两个人商量着成立一个小家庭，成家后再一起去更多更远的地方。他们说如果在路上走腻了，就选一处安静的地方开一个小旅馆，每天迎接那些风尘仆仆的旅人，把爸妈接来，生一个宝宝再养一只看家狗，那种日子想想都幸福至极。

听完她的故事，我在想啊，如果当初她没有勇气辞职，那么也就不会有后面那么精彩的际遇。她可能还在一个固定的岗位上每日做着固定的事情，到了该结婚的年纪，她可能也会被催着相亲，然后找一个差不多的人步入婚姻。如果当初她没有选择做回自己，那么，现在的她就会是另一副全然不同的样子。

她的故事说完了，那是她的选择，她的人生。那么我们呢？我们的人生又该做何选择。

你看到了吗？此刻你的眼前正出现好几条通向未来的路，而这些路上又会不断出现岔路，你是不是正踌躇着不知道该走哪一条路？

你不知道那么多条路中，哪一条会好走一点，哪一条风景好一点，哪一条离成功最近，哪一条埋藏了最多的惊喜。

你害怕选择，你害怕走错路，但是你知道吗？

如果你不选择，你不尝试，你不去走其中的任何一条路，即使你躲过了所有的狂风暴雨坎坷挫折，那么你也必将失去所有的期待、成功和喜悦。

我不希望你成为一个坐以待毙的人，我更希望你成为一个主动出击的人；我不希望你过着一成不变的生活。我希望你能不遗余力地去改变现状。

**人生啊，每一步都很宝贵，希望你我都能把握每一个来之不易的机会，我们的人生，都藏在每一个选择里，加油啊！**

# 一个人，也要活得漂亮

如果你看见以前的那个我，麻烦你告诉她一声，现在的我活得很棒，也让她好好努力，谢谢你！

## 1

张爱玲说过：以年轻的名义，奢侈地干够这几桩桩坏事，然后在三十岁之前，及时回头，改正。从此褪下幼稚的外衣，将智慧带走。然后要做一个合格的人，开始担负，开始顽强地爱着生活，爱着世界。

一个人去对抗这个世界，有时候听起来或许残酷，但是当你一个人走过长长的路，经历过种种心酸不堪的过往，也看过一些美到极致的风景后，你会发现，其实一个人生活也可以变得妙趣横生。

生活里那些出其不意的小惊喜以及让我们不知所措的小意外，这些不确定的因素都会成为我们生活里的宝贵财富，它们填补了我们生活的空白，让我们的人生变得更加欢喜。它们会让我们成长，让我们成熟，让我们懂得享受现在也有勇气奔赴未来。

一个人，其实并不凄惨。

电影《流金岁月》里有句话：无论做什么，记得为自己而做，那就毫无怨言。

我特别喜欢这句话，因为只有当你知道自己是为了什么而活着的时候，你才会对生活主动出击，那时候任何困难挫折都将打不倒你，你会变得越来越强大，越来越充满力量。

"为自己而活"，"成为自己人生的主演"，这才是我们生活的目标。

念书的时候很穷，每个月的月底都想着要怎么开口管爸妈要钱。刚开始工作的时候也很穷，每个月的月底总想着下一个月要还花呗信用卡多少钱。

那个时候会租很小很小的房子住，房间里除了能挤下一张小小的床外，只能放下一个勉强凑合的衣柜。虽然那时候的房间很小，但自己却仍然格外珍惜这个来之不易的小空间，会把它收拾得干干净净，有太阳的时候会把自己的物品罗列整齐，然后陪着它们一起晒太阳，等到夕阳西下每一件物品都沾染上了太阳的味道，再把它们收进屋里放回原来属于它们的位置。

**《星之碎片》里告诉人们这样一条道理：无论怎么样，一个人借故堕落总是不值得原谅的，越是没有人爱，越要爱自己。**

是呀，无论身处什么样的环境里，我们都要努力，即使深陷囹圄，即使双脚在前行中沾满了泥泞，内心依然要有抬头仰望星空的勇气。

那些一个人想起来就会泪流满面的经历，那些觉得自己再也熬不下去的黑暗日子，最终都会变成我们心中最珍贵的回忆，也正是因为这些不能与别人诉说的回忆，一点点锻造了现在的我们。

我们要珍惜这段自己一个人走过的路，正如周国平老师说的那样：

世上有一样东西，比任何别的东西都更忠诚于你，那就是你的经历，你在经历中的感受和思考。它们仅仅属于你，不能转让给任何人，而只要你珍惜，也会是你最可靠的财富，无人能够夺走。可是，如果你不珍惜，就会随岁月而流失，在世界任何地方都找不到了。

## 2

我有一个朋友，她总是一个人来来往往，鲜少与别人有交际。

她一个人没事的时候就去看书、看话剧、看电影、看演唱会、看画展、看世界，什么都去体验，那些看起来要两个人才能完成的事情，她统统都一个人打包完成了，并且什么都能玩得风生水起乐此不疲。

她一个人在家的时候，会早早地起床去挤人潮拥挤的早市。

我问她："为什么那么喜欢去菜市场，为什么那么喜欢烹饪？"

她笑笑说："你不知道吧，菜场里藏着生活的奥秘。那里虽然没有风花雪月，没有让人向往的诗和远方，它就是一个特别普通的地方，但这一点都不能阻碍我对它的喜爱。大家都在那里选自己喜欢的蔬菜过自己平凡普通的小日子，那里有着一团浓浓的生活气，让人觉得很安心。"

是啊，众生百态，觉得生活艰难的时候就去菜场里面走走逛逛，你会发现那些平日里看着光鲜亮丽的人，他们在菜场里也变成了一个为一日三餐而奔波的普通人。同样，一个还愿意去菜场的人，他必然还有着对抗生活的勇气。

我的这个朋友就是这样，虽然只有她自己一个人，看起来有点孤单，可是她喜欢给自己做饭菜，喜欢一个人拎着篮子逛菜场，喜欢在厨房里调制美味佳肴。每个周末我们也喜欢到她那里去蹭饭，大家热热闹闹地聚在一起聊天吃饭。

你看，其实一个人也可以把三餐活成四季，也可以活得温暖潇洒肆意。

人生就像一本书，每一个字每一句话都要我们自己一笔一笔地写，我们应该多写一些精彩的细节，少写一些乏味的字眼；我们应该多留一些高光的时刻，少留一些低迷难过的时光。

我的另一个好朋友，去过最多的地方是健身房，走过最远的路是跑步流汗的路。

下班后也好节假日也好，只要是空闲下来她都会穿上运动鞋上路跑一跑。

我问她："能去做的事情有那么多，你为什么独独爱上健身，爱上跑步？"

她回答道："因为流汗的感觉很棒，风在耳边呼呼而过的感觉很棒，筋骨在每一次流汗的过程中被拉伸的感觉也很棒，尤其是那种积极的人生状态，让我觉得一个人的生活也可以充满阳光和朝气。"

她还说；"以后如果还是一个人，那就再养一只猫咪，猫咪的名字就叫希望，听起来就像是满怀希望的样子，特别好。除此之外，还可以培养几个有意义的兴趣爱好，这样一个人走完的人生，也不单薄也不无趣。"

我其实也特别喜欢一个人努力生活的状态，把每一天都过成自己喜欢的样子。

去自己想去的地方，去认识许多五湖四海不同的朋友，去高山上眺望远方迎接初升的朝阳，去大海边静等日落月升看星星在夜空中眨眼睛，去草原看动物大迁徙体验生命奔腾的张力，去闹市感受人潮拥挤感受这个世界的欢愉。

# 3

一个人的这些年，也不是过得很顺遂，总想着能有一个人来陪陪自己，明恋暗恋了很多回，也渐渐明白，爱而不得是生活里的一种常态，经营好自己的生活才是我们努力要去做的事情。当别人的光无法照亮我们的生活时，我们就要努力成为那个会发光发亮的人。

日子永远都不会像想象中的那么完美，大部分的日子都是平常而普通的，可是当我们有了自己的目标以后，日子就会过得带劲许多。

人生啊，就应该用一些目标来填充才不会过得那么无聊，比方说，努力赚钱，用心学几个很难却很实用的技能。

记住，你越是感觉孤独，越是没有人支持，你就越要尊重你自己。

大学里我认识过一个校友，毕业那一年他没有选择工作，而是选择去支援新疆发展，做了一名志愿者。每次和他聊天，每次问他在那里好不好累不累时，他都会笑着回答："我一个人在这里很好啊，这里有我想要寻找的人生意义，我会一直在这里待下去的。"

他说这些的时候，我其实有一点点羡慕，我羡慕他的洒脱，羡慕他人生里的这一次经历。

毕业时我也曾想过给自己留一个间隔年，去做一些自己想要做的事情，可是最后我还是没能完成自己的这个愿望就被时间赶着往前走，匆匆陷入了生活的洪荒里面。

# 4

三毛在《说给自己听》里这样告诉自己：

如果有来生，我要做一只鸟，飞越永恒，没有迷途的苦恼。东方有火红的希望，南方有温暖的巢床，向西逐退残阳，向北唤醒芬芳。如果有来生，希望每次相遇，都能化为永恒。

一个人摸爬滚打的这些年，经历过一些人生无常，也见过一些风风雨雨，越来越觉得一个人生活的弥足珍贵。

我常常告诉自己，作为一个即将 30 岁的老姑娘，你要勇敢不要害怕。

你要坚持早睡不熬夜，保证让自己有充足的睡眠，保持旺盛的精力。

你要坚持运动，保持刚刚好的体重，让自己老了依旧看起来很nice。

你要定期断舍离，丢掉一些不要的东西就像丢掉那些不好的回忆。

你要拥有几个值得长期坚持的小习惯，它们会让你觉得自己越来越棒。

你要找到一个可以让自己改变的突破口，调剂一下自己四平八稳的生活。

你要经常晒太阳，用一些小快乐来提醒自己生活一如既往的美好。

你要学会善待身边的每一个人，用微笑让他们感受到你的真诚。

你不要花太多的时间去社交，尤其是在那些无用的人身上，用心维护好自己的小而精的圈子足矣。

最重要的是你要培养自己赚钱的本事和花钱的能力。

现在的我活得很棒，有自己热爱的事业，有几个真心陪伴的朋友，知道自己的目标在哪里，也知道未来想要什么样的生活。

那么你呢？知道自己为了什么而活着了吗？

不知道也没有关系，我们可以一起在风雨里做个大人，在阳光下做个孩子。

　　我们一个人，也可以活得漂亮，活得出彩，活得独一无二。

# 做自己命运的摆渡人，你才能掌控人生的方向

如果命运是一条孤独的河流，谁会是你的灵魂摆渡人？

——摘自英国作家麦克福尔小说《摆渡人》

# 所有失去的，都会以另一种方式归来

年轻代表什么？代表无所畏惧和没有边际的梦想。年轻最吸引人的地方，就是对于未知的人生，还有着无限的可能。岁月绵长，愿我们对自己热爱的事业不遗余力！

## 1

"别因为失去而痛哭流涕，因为所有失去的都会归来。"

"失去的还会归来？"

"是的，所有失去的都会以另一种方式归来。"

三毛在《流星雨》中打过这样一个比方：我们的父母是恒星，我们回家，他们永远是在的；我们的朋友是行星，有的时候来，有的时候去，但是他们也是天空中的星；那么流星我把它看作哪一种人呢？我把它看为在我们生命中擦肩而过的，一些可能你今生再也不会碰到的人，我将他们叫作流星。

我们生命中的每一天每一分每一秒都在上演着一场宏大的流星雨。我们也以为那些消失在苍茫宇宙中的流星雨再也回不来了。其实并不是这样，那些消失在夜空中的流星最终还是变成了尘埃回归了尘土，它们依然滋养着我们，以另一种方式给我们回馈。

到了一定的年龄，我们就要学着和身边的人或事说再见。

到了一定的年龄，我们就要学着和这个硬邦邦的世界和解。

我是一个特别害怕失去，也特别害怕离别的人。

我第一次感到这个世界对我的残忍是在高考的那个夏天，高考成绩出来的那一天。

那个夏天，我失去了很多很多的东西。我失去了一起奋斗的同桌和室友。我失去了可爱可亲的老师，离开了熟悉的环境。我失去了三年再也不能从头来过的青春。

最后一天回学校的时候，同桌一如既往地坐在位置上对我笑，她笑着对我说："傻子，替你开心，考上了。"我反抱着她，紧紧地抱着她，我大声地在她耳边说："谢谢，谢谢。"

**正如村上春树所说的那样，曾经以为走不出的日子，现在都回不去了。**

谁都不知道在高考的最后阶段，我们是如何一起相伴度过的。

我们会因为浪费一分钟而感到懊恼；我们会因为少做一道题而自责不已；我们会因为少背几页书而难过伤心；我们会因为高考时间一天天逼近而无比焦虑也无比努力。

在高考面前，我们收起了自己的情绪，像一个勇猛的天不怕地不怕的战士。我们收起了不好的脾气，放下了所谓的面子，向老师和同学寻求帮助抱团学习；我们收起了懦弱和懒惰，没日没夜地学习刷题背书复习。

高考这一场战争，让我们放下了许多许多，也失去了当时认为最重要的东西。

我们暂且放下了喜怒哀乐，我们暂且放下了手机电脑 iPad，我们暂且放下了对一个人的欢喜，将"我们在一起吧"这样的想法搁置在了心里。

可是高考在让我们失去了许多东西的同时，也回馈给了我们不少新的东西。它给了我们梦想，帮助我们长出追逐梦想的翅膀，给我们蔚蓝的天空和大地，让我们勇敢地乘风追梦。它给了我们未来，高考是一个先苦后甜的过程，我们用无数个努力的瞬间堆积出一个不留遗憾璀璨的未来。

2

以前在漫长的学习中我总是会去抱怨，抱怨读书太苦，抱怨自己读的书日后能不能为我的人生助哪怕一点点力。后来，当我读了越来越多的书以后，当我有知识明事理能够愉快地在书中畅游以后，我才发现读书这条路其实是一条通往世界的路。

虽然我们曾花了许多的时间去读书，我们失去了一些可以做其他事情的时间和机会，但是我们得到了一个更有趣更丰盛的灵魂，我们提升了自己的精神层次。

每个人的生命中总会出现特别迷茫的几个时刻，这个时候刚好可以让我们停下脚步来想清楚一些事情，我们可以重新正视自己要走的方向。

人的心境在每一个阶段都会有所不同，都会或多或少地发生一些变化，我们在真正成长之前，也总要先经历这么一段时间，去平衡自己的内心，把自己从所谓的困境中解救出来。

生活就是这样，在我们选择做一件事情或者完成一个目标之前，我们就要做好为它付出一些东西的准备，一如我们想要得到什么，就要先舍得放弃什么。

上了大学后，我有了新的同学，新的老师，新的教室，新的宿舍，我周围的一切都是新的。

而这些都是放下了旧的一切后又重新迎来的崭新的生活。当自己站在大学的校园里时内心是无比欣喜的，这大概就是一个辞旧迎新的过程。

而我后来才意识到，大学里的生活每一天都在辞旧迎新，结束了这堂课下学期可能再也见不到这位老师，组织完了这次活动，下次大家可能再也不能一起共事，结束了这一次聚会下次再见也不知道何月何日。

我们又失去了很多很多的东西，却在来不及感伤的时候又迎进一拨又一拨的新人新事。

# 3

学校外面有一条美食街，我们称呼它为舟山东路。舟山东路是一条非常旧非常老的街，有着上了年龄的树，有着上了年龄的房屋，有着上了年龄的美食，还有着一批上了年龄的人。

这条街承载着我大学四年最满最多的回忆：九份芋圆要吃最里面的那一家，因为那家的芋圆量最足口味最好，店里的布置也很有味道。奶酸菜鱼要吃新安江的那一家，因为他家的味道最正宗最地道，鱼又肥又大老板也最热情。最不能错过伊伊果诱家的小炒，老板每天一早都会去买食材，他们家的食材最新鲜味道很棒。

还有还有，开心家的蒜炒猪肝一定要去尝一尝，木野町的日料也要去吃一吃，大哥家的炸鸡排也好吃得不得了，晚上舟东的小吃也不能错过，每一样都要去吃哦，你一定会爱上的。

除此以外，还有许许多多不能说出来的味道，许许多多热情的亲切的非常好的老板。但是这些味道，这些美食，这些熟悉的街道，熟悉的店铺，熟悉的人，在我毕业那一年因为城区需要改造的原因，通通都搬走了，消失了，回忆戛然而止，被中断了。

我失去了他们，再一次失去了缅怀青春的机会。

后来，我还是会吃到同样的东西，但再也没吃到过同样的味道。

后来，我还是会遇到好心的老板，但再也没觉得有多么亲切。

后来，我还是会走过不同的城区，但再也没见过老旧的人事。

这一切随着时光，统统都不复存在了。连同美食街一起消失的还有那一条很老很老的公交路线，那辆深绿色的公交车和车上熟悉的公交司机。

这是一条直接通往西湖的路线，我们曾无数次借由它往返在两个不同的城区之间。它由这头出发穿过无数条曲曲折折的路到达那一头，它曾是我们出行最欢愉的时光，它曾被不同的人乘坐，也发生许多美好的故事。

它也随着时光消失了，取而代之的是更明亮更干净更便捷的地铁，这大概就是时代发展的意义，而那辆公交车也在时光中光荣地完成了自己的使命。

听过一句很温柔的话：每个冬天的句点都是春暖花开。人生里飞驰而过的每一站，都为迎接终点的浪漫风景。

# 4

毕业后很久我又回到了学校，回到了心心念念的舟山东路，我走在绿荫里，阳光从树缝间投下大大小小的光斑，漂亮极了。

我给还在杭州的老同学打电话，我说我回来了要不要聚一聚。

她在电话里兴奋地跟我说："这两年我找到了好多原来的小吃店，店名和老板都没有换，连味道都没有变，还有几家还换了更大的门面，现在生意更好了。"

我听她说着，不知不觉地微笑起来。

时光好像带走了我们生命中一些重要的东西，可是它又给了我们一些新的东西来填补这段空白。

工作后的我也有了新的不同的变化，人生里总有些感受或者心意，是需要自己慢慢去体会的，而我至今做过最让自己满意的事情就是不满足那种安逸的状态，无论何时无论何地我都还愿意去尝试，也不怕尝试带来的任何后果。

这些年，我失去了一些也得到了一些，也因为失去伤心难过，也因为得到高兴欢呼。

失败与成功的不断轮回，也让我渐渐明白了生活的真谛，我们无法练就一笑而过的本领。人生路上，我们还是会一次次地摔倒，但长大后的我们不再害怕受伤，并且每一次摔倒后，我们还是有勇气爬起来掸去一身的尘土，继续大步流星地往前走。

时间终会带走所有曾经以为放不下的东西。

再见，那些再也回不去的美好时光及时光中的人和物。

往事暗沉不可追，来日之路光明灿烂。

村上春树说过这样一段话：

你要记得那些大雨中为你撑伞的人，帮你挡住外来之物的人，黑暗中默默抱紧你的人，逗你笑的人，陪你彻夜聊天的人，坐车来看望你的人，陪你哭过的人，在医院陪你的人，总是以你为重的人，带着你四处游荡的人，说想念你的人，是这些人组成你生命中一点一滴的温暖，是这些温暖使你远离阴霾，使你成为善良的人。

天空下起雷阵雨，我看到头顶有一朵黑压压的云，它变成雨滂沱了人间。过了一会风停雨止，我又看到了一朵洁白无瑕的云，它化作了一座五彩的虹。我知道上一片云和这一片云不是同一片云，但是它们一定互相打过招呼。

"嘿，兄弟到那个需要你的地方去吧，他们都在等你。"

生活就像阴晴不定的天气，总有大雨滂沱的时候，但最后一定会晴空万里。

**愿我们都能怀抱一颗对生活感恩的心。**

**愿我们一生温暖纯良，不舍爱与自己。**

**愿我们所有失去的，都能以另一种方式回到我们身边来。**

# 人生漫漫，我们都好生走路

这个世界有时对我们充满善意，有时又处处与我们为敌。世界对待我们的态度，像极了我们对待生活的态度，时冷时热。

1

我每天最喜欢做的一件事情，就是挑一条回家最远的路，然后把车窗放下来，选一首慢歌，迎着落日的余晖，吹着温和的晚风，徐徐上路。

这是我一天里最惬意的时候了，这个时段里没有人会催着你赶紧交方案，没有人会在你耳边大声讨论工作或者八卦，也没有人要求你做一个成熟懂事的大人。

你不用刻意把控你的情绪，你不用隐忍你的难过或者伤心，你更不必为了某一个人或某一件事情委屈自己。这个时候在那个狭小而舒适的空间里，你可以做回最真实的你，独享属于自己的时光。

如果一路上还能有不错的风景点缀，那么感觉就更棒了。你完成了一天的工作，你可以肆意地吹着风，惬意地看着风景，不紧不慢地回家去，这样的生活好像也没有那么苦涩，甚至有时还有甜甜圈的味道。

其实每个人都会遇见难题，毕竟人生这条路这么漫长，碰到难题才是人生的常态。这种难题有时来自生活，比方说"穷"；有时候来自精神，比方说"没有人懂"；有时也无以名状，就是莫名觉得生活很沮丧。

公众号后台经常有读者给我留言，向我诉说他们对生活的感悟。他们中有的还是学生，有的已经步入社会，有的初为人母，有的已迈入中年。

他们向我诉说着人生不同阶段的难题，也跟我分享人生不同阶段的精彩和欢愉，我发现人生真的很奇妙，你在这个阶段里遇到的难题会变成人生下一阶段的宝贵回忆，你在这一阶段里感受到的幸福和快乐，也会变成人生下一阶段继续奔赴下去的力量和勇气。

其实面对生活带给我们的种种难题，我们都应该习惯，习惯它不按规则出牌的套路。我们都知道它最差是什么样子，最美又是什么样子，我们能做的就是，朝着一个好的方向努力耕耘。

# 2

曾经有一个读者朋友跟我说过他的故事。他说自己高考时成绩还不错，但是因为大学学费太高，对他们家来说压力太大，所以最终他还是选择了放弃。

他说，爸妈都是农村人，没什么文化，家里只有为数不多的几亩地和几头猪。父母起早贪黑地劳作，一年的收入也微乎其微，他是家里的长子，还有一个弟弟，生活的重担让父母早早白了头发弯了腰。

他说，他不忍心看父母砸锅卖铁四处求人为他筹上大学的钱，他也不舍得让还在念初中的弟弟以后和他经历同样的命运，所以他决定放弃自己心心念念的大学，选择和父母一起扛起养家的重担。

我问他，心中会不会有些恨意，对老天，对父母，对自己。

我还记得这个男孩的回答，他说对任何人都没有恨意。

"我不恨老天，因为这个世界上不公平的事情太多，老天爷没有办法照顾到每个人。我更没有办法恨父母，因为是他们给我生命，把我养大，让我看到这个美好的世界。我也不恨我自己，因为我知道接下的路，我只能依靠自己。我不恨，我只是有点不甘心。"

不久，他离开家乡和父母到广州打工。他说那个时候兜里只有一千多块钱，饿了就尽量多喝水，晚上和很多人挤在一起睡。在广州的第一份工作是在工地上，不记得搬了多少砖瓦，扛了多少水泥，挨了多少白眼，总之第一个月的薪水还算不错，他自己留了三分之一，存了三分之一，给爸妈寄了三分之一，并写信叮嘱弟弟安心学习。

他说："当我离开家乡来到这个大城市，这个城市的霓虹灯好耀眼啊，晃得人有点睁不开眼睛，我看到这里有很多和我一样的人，我觉得我的人生开始了另一个行程。"

后来，他没再和我联系，我也不再知道他的近况，他有没有换更体面的工作，有没有新的变化。但是我知道，当他选择不去抱怨生活而是积极面对新的开始时，他的人生已经走在向上的路上了，尽管我不知道他的未来会怎么样，但是我知道一个愿意拼命去努力的人，未来一定不会太差。

以前我总觉得，每个人的人生都差不多，像他这样的人在生活中一定只是少数的个例，但是当我接触的人越多，了解的事情越多后，我才发现其实人和人的差别还是很大的。

就像有些人一出生就受人瞩目，而有些人出生就注定是个悲剧，有些人生来就让人羡慕，他们有丰厚的资源、人脉和资金，而有些人出生后连穿暖吃饱都成问题。

可即使我们无法成为成功的前者，我们也可以通过努力摆脱后者的困境。

"努力"这条路，大概就是上帝给我们留好的最后的一条路，这条路的入口灌木丛生，不易被人发现，一路上狂风裹挟着泥沙，也让人睁不开眼，你要很努力才能前进一小步，但是路的终点却是鲜花烂漫，晴空万里的国度。

## 3

每个人的人生都有这样一条路，有些人在路口观望了一下就走了，有些人穿过了灌木却被眼前的狂风暴雨吓得退缩不前，而有些人则会咬着牙挺到了最后，看到了风雨过后的彩虹。

倪萍姐姐在《姥姥语录》里写过这样一段话：

天黑了就是遇上挡不住的大难了，你就得认命。认命不是撂下（放弃），是咬着牙挺着，挺到天亮。天亮就是给你的希望了，你就赶紧起来去往前走，有多大的劲儿就往前走多远，老天会帮你。别在黑夜里耗着，把神儿都耗尽了，天亮就没劲了。好事来了她还预先打个招呼，不好的事咣当一下就砸你头上了，从来不会提前通知你！能人越砸越结实，不能的人一下子就被砸倒了。

我一直觉得倪萍姐姐这段话，说得太好了。认命不是撂下，而是咬着牙挺着，因为唯有这样，你才能看到冉冉升起的曙光，而这曙光就是你的希望。

记得有一次我去南京出差，坐地铁时刚好遇到晚高峰，地铁站里的人特别多，我在熙熙攘攘的人群里看到了一个捡垃圾的大爷，他的背上扛了一个很大的布袋，正仔细地翻捡着垃圾箱里的垃圾，许多人都对这个背着垃圾袋的大爷避之不及，唯恐弄脏了自己的衣服。反观大爷，他没有理会旁人嫌弃自己的眼光，依旧认真地翻捡着垃圾，翻完了这一站，又背着他的布袋往前走去。

每次看到这样的人，我内心总会莫名地心疼，我心疼他们都一把年纪了却还要出来讨生活，还要做一份不够体面的工作，忍受别人的白眼。

但可能这才是更多人真实生活的写照，因为成人的生活里没有"容易"二字。

这大概也是生活最让我们为难的地方了，你想要过的生活和你能过上的生活之间总有一段差距。

# 4

在写这篇文章之前，我发了一条朋友圈，我说：

**生活给过我们无数耳光，但是我们依然要学会含泪微笑。**

这条消息下面，有一个朋友留了一段我特别喜欢的话：

我想生命中最重要的就是，真实的去生活，不屈服于现实的压力，也不囿于成见，不让别人的观点淹没自己的初心。

最重要的是要有自己走下去的勇气。在这个世界上，不是所有合理的美好的都能按照我们自己的愿望存在或者实现，生活也不会一直朝着我们想要的方向前进，但我们还是希望能时常感受到平凡生活中的浪漫诗意，平心静气地对待艰难和困苦、欢乐与幸福。

我很喜欢这段话。

如果你感觉现在的生活有点艰难，有点丧气，千万别压抑，找一种喜欢的方式放松自己；如果你取得了一些成绩，也记得好好犒赏一下自己，未来会愈来愈好。无论你正处于人生中的哪一个阶段，我都希望你能过得努力且快乐。

我一直认为终点一定是美好的，如果不够好，一定是还没有走到最后。希望我们都能过上自己想要的生活，如果不能就努力缩小差距；希望我们都能活得幸福，如果不能那就学着自我成全。

人生漫长，愿你我都能好生走路。

# 不要和别人比，活出自己的风采

你就好好做你自己吧，即使有点奇怪也没有关系；你就好好做你自己吧，和别人不一样也没有关系；你就好好做你自己吧，我会永永远远和你在一起！

# 1

李宗盛曾经说过：人一生中每一个经历过的城市都是相通的，每一个努力过的脚印都是相连的，它一步一步带我到今天，成就今天的我。

人生没有白走的路，每一步都算数。

"七七啊，我再过 30 分钟就到你住的地方了。"

"好的，等会我下楼接你。"

七七是我的朋友，她一个人来上海打拼已经两年多了。

她住的地方离虹桥车站很远，离市区也很远，我换乘了两站地铁还步行了好长一段路才找到她住的地方。

"七七，你这住得也太远了吧。"

"七七，你这住的环境也太凑合了吧。"

"想不到，这么繁华的上海居然还有这么破落的地方。"

七七花重金租来的小窝在一个老旧的小区，门口值班的只有一个上了年纪的老大爷，戴着老花镜看着报纸。七七笑着和他打招呼："周大伯，看报哪，我朋友来看我了。"

我也笑着打了招呼，拍着七七的肩膀开玩笑："哇，七七你都开始敬老爱幼了，你终于长大了。"

小区里没有电梯，只有楼梯，很窄的那种，如果是两个人相遇的话，有一方要侧身另一方才能正常通过。

我跟着七七爬到七楼，等我爬得气喘吁吁再也爬不动的时候，她终于说："我们到了。"

我累得靠在墙上等她开门："七七，天天如此爬楼梯上上下下不得累死人。"

"累不死人，强身健体倒是真的，瞧你这个体质一看就是需要锻炼锻炼。"她笑着说，"来，请进。"

她打开门的那一刻，我惊呼起来："哇，七七你这小窝也太温馨了吧。"

七七的小窝真的很有家的感觉，第一眼见就爱上了这个小窝。她的小窝朝南，不大的阳台上错落有序地放着好些绿植，那浓浓的绿，满眼的绿，让人看了觉得充满生机。

客厅和厨房几乎是一体的，再往里面是她小小的卧室。

先来说说床，她的床不是很大，但看起来却很温馨，床单和被套是浅浅的粉，床头坐着一只很大很萌的公仔，憨厚的表情傻里傻气的让人觉得很有安全感。我没忍住在床上翻滚了两圈，被褥上都是太阳的味道，真的很舒服。

床的右边靠墙的地方是衣柜，里面整整齐齐地收纳着七七的各类衣物，左边那个连着小小客厅的地方放了一张单人沙发，一个小小的茶几，上面放了好多零食，上边的墙上安了许多装饰柜，柜子里分门别类放了好多书。

门口有一排嵌入墙里的柜子，柜子的上边放着些生活用品，柜子的下边整齐地摆放着鞋子。

进门往里一点点的左边是浴室和厨房，浴室和厨房是一体的。这一块区域虽然不大，却被七七安置得井然有序。

七七的小窝真的被她布置得很完美，与这个老旧的小区有点格格不入的感觉。

# 2

我们下楼在小菜场买了些蔬菜回来自己煮，那是第一次见识到大城市食材价格，是真的很高。

七七熟练地在厨房里洗菜切菜熬油下锅，而想要帮忙的我却被她安置在沙发上，她说她一个人就可以搞定，在不到两个小时的时间里，她真的一个人就搞定了两菜一汤，而且味道特别棒。

我给她竖大拇指，我说："七七同学也算得上是一个色香味俱全的厨子了。"

同样的菜，我在小饭馆里吃过，在五星级的高级餐厅里吃过，在七七这里吃过，味蕾告诉我七七煮的最棒。虽然她的厨房很小，用的餐具也不高大上，食材或许也不是最好的，但是她煮的饭菜里有生活的味道。

她在厨房忙碌的时候，我望着她的背影想，一个从来都不会做饭的姑娘，现在居然能围上围裙，绑起马尾，不怕油和烟，熟练地做出一道道菜，生活真的能够让人成长啊。

我问她："七七同学，你什么时候学会做饭的呀？"

她说："在日复一日里，我学会了照顾自己，照顾自己的一日三餐，照顾好自己的胃。"

生活中其实只要我们走得足够远，就能遇上另一个足够强大的自己。

生活总会催着我们长大，强迫着我们学会一些之前特别讨厌的东西。

吃完饭一切都整理完毕后，我们两个姑娘窝在沙发上聊天。我问起她的近况，我说："现在的生活，是你想要的吗？"

不等她回答，我忍不住又继续说："毕业两年，好多同学朋友都已经结了婚，生了孩子，在父母的支持下买了房子、车子，光鲜亮丽地生活着。而你呢，还一个人窝在这里，一个人生活，一个人工作，一个人旅游，一个人吃饭睡觉，你不觉得生活有点悲凉吗？"

她先是笑了笑，然后对我说："其实我们每一个人都有一条既定的生命轨迹，好多东西不一定非得属于你，是你的终究会来，不是你的再努力也是徒劳。

"别人拥有的，我不会去羡慕，因为我有的，他人也未必会有。你看到的只是他们人前光鲜亮丽的那一面，他们背后的付出和努力是你所看不到的。我们想拥有更多，就要付出更多，我们不应该跟别人比，我们应该不断超越自己。"

《奇葩说》里的选手马薇薇说过这样一句话：

当我们望着灯的时候，我们无法看到身后的阴影；当我们与身后

214

的阴影较劲，我们忘却了我们的眼前其实是有光的。

## 3

我忽然明白，每一个人的人生别人说了都不算，只有自己说了才算，想要做一个什么样的人别人说了也不算，只有自己说了才算。

更何况，每一个人的人生都有自己的闪光点，我们不要和任何人做比较，我们每一个人都有自己的活法，我们不用去羡慕任何一个人，过好自己的生活比什么都重要。

《愿你的青春不负梦想》这本书中有一段话我很喜欢，作者这样说：

**一个人想要变得与众不同，最重要的是不要与别人比较——总有人比你好，也总有人比你差，这种比较没有意义，改变不了现状，只会让沉溺在比较之中的人变得心胸狭隘。**

你应该学会和自己比较，比较一下自己今天是不是比昨天有进步，明天是不是比今天更有进步。

虽然现在的七七还过着别人眼中惨淡的生活，虽然她还没有自己的房子，也没有一辆属于自己的车，虽然每天上班还是要提前两个小时起床去挤地铁转公交，虽然现在的职位也没有升很高，薪水也还没有达到自己理想的水平，但是一切都在往好的方面发展。

租来的小窝也可以凭自己的喜好布置出家的感觉，强迫自己练就出的一手厨艺也堪比美味佳肴，工作上打怪升级不断积累的经验也让自己更加从容自信。

一切都挺好的，虽然走得缓慢，但是一切都在往自己既定的目标上靠近。

是啊，就这么缓慢而坚定地走着吧。

遗憾的是生活中很多人看不明白这个道理，他们总是挑剔自己羡慕别人，让自己越活越累。

其实生命的旅途，一程有一程的风景，一程有一程的盛放，总有一份幸福属于自己，你相信命运一定不会亏待于你。

**好比鸡蛋从外打破是食物，从内打破是生命。**

万物都有自己的生长频率，人和万物一样，皆有自己运行的定律，也有自己存在的价值和使命。

我想起公司一位打扫卫生的阿姨，她一个人要负责好几层楼，每一层楼的每一个角落她都要去打扫清理，包括所有能够擦拭的门窗也属于她的工作范畴。

有一次，我在厕所碰到那位阿姨，她正拿着马桶刷认真地刷着厕所，旁边是她刚刚换下的垃圾袋，我随口说了一句："阿姨，你辛苦了。"

原本是再平常不过的一句问候，她却接过话说："对比于你们的脑力活动，我的体力活动其实一点都不辛苦，我只不过是比你们多流了一些汗。"

那一霎我惊讶于她的回答，我抬起头看着眼前这位平凡普通上了年纪的清洁阿姨，我突然觉得她的内心其实一点都不普通，她能够给自己清晰的定位，知道自己的价值，这一点比谁都活得明白。

后来我开始关注这位阿姨，我发现她工作特别认真，也从不抱怨，和别人打招呼也总是乐呵呵的。反观现实生活中许多人都做不到像她这样，许多人总是深陷在自己生活的痛苦中无法自拔。

中国科学家颜宁曾在采访时说过这样一段话：

一个人无论是谁，你来到这个世界上，最公平的事情就是向死而生，每个人在这个世上都是几十年到百多年这个尺度，那么在这个世界上你有没有想过，你想要什么样的生活？对我而言，我只是很简单地去喜欢这么一个世界。

# 4

让我们都简单地去喜欢这个世界，友好地和这个世界相处，不要总是站在世界的对立面拿着放大镜去看生活中遇到的难题。也不要总是拿自己的短板去和别人的长板比较，人和人之间是没法真正去比较的，有些人含着金汤匙出生，有些人一出生连爸妈都没有，我们要做的是竭尽全力做好每一事，过好每一天。

我很喜欢的一个美妆博主 Vivekatt 曾经说过，上帝赐予你的外貌是一张白纸，你可以在白纸上绘出你喜欢的模样，活出自己的样子。

真正的自信，不是说必须不修边幅不化妆不打扮不护肤不洗头，素颜朝天展露着一脸青春痘出门还觉得自己特美。而是自己敢于以自己的喜好打扮自己的身体、选择自己的生活。

**好好活自己，即使有点奇怪也没有关系；好好活自己，和别人不一样也没有关系；好好活自己，你会发现自己原来如此美丽！**

# 好好赚钱吧，人生真的很贵

　　想看的有那么多，想去的地方那么远，想爱的人那么优秀。你不努力好好赚钱，怎配拥有一切。

## 1

　　王尔德说过一句话，让我印象特别深刻，他说：年轻时我以为钱就是一切，现在老了才知道确实如此。

　　以前我也以为快意潇洒的人生不需要用钱去衡量，因为钱这东西实在是太俗了。但是当我渐渐经历了足够多的事情后，我才发现，钱一点都不俗，它特别好。抛开那些需要维护的人情世故不说，钱它真的可以让我们体验到一个不一样的人生。

　　举一个最普通的例子，如果你失恋了，没钱的你只能买两瓶啤酒一个人抹眼泪。而如果你有钱，你可以在巴黎绝美的夜景下哭，在顶级的酒店套房里哭，你可以边旅游边哭，边消费边哭。

　　大家都说钱重要，那么钱到底有多重要？网络上有一个回答这样说：

　　你说你很孝顺，总不能每次只给父母打电话，却从不在物质上给予表示吧。

你说你很仁义，总不能每次朋友有难时，却只会加油打气告诉他别放弃吧。

你说你很爱她，总不能每天只对她说我爱你，却不能给她稳定的生活吧。

所以你看，钱真的很重要，我们日常生活的正常开展以及和他人的正常往来，这些都需要钱，更别提我们想要去追的梦想，想要的诗和远方。

也有人会说，是因为你野心太大，所以才赚不够钱。知足常乐不好吗，为什么非要让自己成为"有钱人"呢？

是啊，为什么大家都想成为"有钱人"呢？我想我们要的不是银行卡里一个冷冰冰的数字，我们努力赚钱是为了去过一个不慌不忙有安全感的人生。

# 2

毛姆在《刀锋》里写过：钱能给人带来世上最最宝贵的东西——不求人。

还记得韩寒导演的那部电影《飞驰人生》中的主角张弛吗？那个为了重回赛场，而四处借钱的中年男人，他人生尊严的丢失不是从失去比赛资格开始的，而是从缺钱开始的。

我曾经在知乎上看到过一个知友的故事：

爸爸生病住院的时候，遇到过一个 50 多岁的阿姨。

虽然只有 50 多岁却显得格外苍老，她衣着朴素手里拽着病历单，一直在医生身边转悠。

人少的时候，她会凑到医生跟前，小心翼翼地问："医生，我能不能不做这个检查，有点贵。"

医生说："不可以。"

虽然医生已经重复了好几遍，可是那位阿姨还是不放弃，反复地解释说自己没大碍，不需要做检查。

医生好言劝她："不检查不行，很危险的。"

那位阿姨听了医生的话，一个人看着单子好久，最后叹了口气，默默地离开了，她还是没有听医生的劝去做检查。

但其实那就只是个几百块钱的胃镜检查啊。

后来，这位知友陪爸爸去医院复查，和医生聊起这个事情。

医生遗憾地说："那大姐半年后又来过一次，挺可惜的，胃癌晚期，估计撑不了多久了。"

所以你看，钱有多重要，真的不好说，取决于你有没有，你有多少。你有它的时候，它一点也不重要。你没有它的时候，它就是命，甚至比命重要。

看完这个故事，我想起了明星柳岩说过的一段往事，她说，自己这么努力赚钱就是为了能够让家人过上好日子，包括爸爸后期生病，自己有能力承担医药费给爸爸最好的治疗，减少爸爸生病的痛苦。

每次听到这些故事的时候，我心里都会咯噔一下，然后默默地在心里重复，一定要好好努力赚钱，这样才有能力应对生活中不确定的变故。

## 3

写这篇文章的前几天，我在刷朋友圈的时候刷到过一篇文章，大概意思是，没赚够钱之前，先别忙着结婚。以前我看到这样的文章，心里一定会排斥，现在我却特别认同。

我有一个很好的朋友，他和他女朋友在一起四年，两个人感情特别好，毕业后两个人也去了同一座城市工作。

去年，我们约他聚会，饭后大家一起唱歌。

KTV 里我们起哄问他，为什么没有带女朋友一起过来，问他们打算什么时候结婚。可无论我们怎么旁敲侧击，他都闭口不答，只是一口一口喝着酒。快散时，他才醉醺醺地说："没能带回来，分了。"

我们问他为什么。

他说："还是能力不够吧，没能赚更多的钱，给她想要的生活。"

他语气里透出的无奈和心酸，让我们这群朋友很心疼。

以前我们都认为，只要彼此相爱，没有什么是无法跨越的。可是越长大越发现，两人真心相爱只是步入婚姻的基础，而婚姻能否过得幸福美满的关键在于这个家庭的经济实力。

这些年，我听过也看过太多因为钱而分道扬镳的情侣。

不要说两人分开是因为不够爱。知道吗，感情里的热度是会随着时间而褪色的。作家三毛说过：再美好的爱情，终究也要落到柴米油盐里。

所谓的柴米油盐其实都是钱，贫贱夫妻百事哀，钱不够才会斤斤计较，才会相互抱怨，才会过得不幸福。

所以，如果我们想要甜甜的爱情，幸福美满的婚姻，就先从好好赚钱开始吧。

你只有自己有能力，才能有底气地站在喜欢的人身边，不论他富甲一方还是一无所有，你都能给他一个坚定的怀抱，他富有你不是在高攀，他落魄你能给他温暖。

# 4

常常会听到有人说：我今年二十几岁，却活得一无所有。

每当听到这些话的时候，我心里总是会替他们感到惭愧或难过。

明明你才二十几岁，明明你的人生才刚刚开始，明明你还有大把的时间去努力，可是你却活得像是一个垂垂老矣的人一样，过一天是一天。

人和人之间真的不一样。我见过 20 出头，就月入过万的人，也见过 30 多岁，却还在一个岗位上停滞不前的人。

我见过对自己有高要求、高标准、高梦想的人，也见过碌碌无为、安于现状、不思进取的人。

说实在的，他们的眼界和格局真的不在同一个层次上，他们过上的也是截然不同的两种人生。我不去评判哪一种生活更好，我只是觉得很可惜，你明明还能向前，你却选择止步于此。

别矫情了，有空还是多去赚钱吧，因为人生真的很贵。

当你会赚钱，你会发现整个世界都会对你和颜悦色。

当你能从容不迫地给父母买他们喜欢的东西，带他们到想去的地方，你会因为他们脸上洋溢的笑容而感到骄傲。

当你用自己的能力帮助朋友，给伴侣更好的生活，你会因为他们的快乐而感到幸福。

当你能有底气去追逐自己的梦想，有宽裕的时间和金钱支撑自己去看诗和远方，你会觉得人生真的值得努力。

你随随便便地过也是一生，认认真真地过也是一生，那么为什么不认认真真地对待自己的人生，把这一世的人生过得充实、独特又富有意义呢？

# 你要特别努力地生活，但也别忘了过得快乐

*人生只有九百个月。希望你过得努力且快乐。*

1

生活的模样有无数种，每个人的人生也都不尽相同，我们都在各自的人生里扮演着自己的超级英雄。在这条不断打怪升级的道路上，我希望我们都能不断强大，都能够抗住生活给的一记又一记耳光，也更希望我们都能过得快乐幸福，是那种真正的快乐和幸福。

朋友七月毕业两年，北漂两年，如今依旧对未来充满热情。

记得两年前我去她学校找她玩，她带我去她学校附近一家特别有名的美食店吃晚饭，地方虽小，但是五脏俱全，店里的客人也来来往往络绎不绝。

坐在店里昏黄的灯光下，我们一边刷着手机一边聊天。我们俩人聊起了毕业后的一些打算，她问我有没有想好要去哪里，找什么工作。我说，准备先在杭州找份工作，后面再看。然后我问她有什么打算，她说之前在学校组织的校招会上投了几家北京公司的简历，先去北京实习，然后毕业后留在北京工作。

我反问她，北京的节奏那么快，物价房价那么高，一个女孩子去

北漂无依无靠的，以后的日子不好过。为什么不选一个差不多的城市，这样以后的生活也会好过许多。

她笑笑说，可是北京有她的梦想啊，也只有北京能实现她的梦想啊。

我当时看不清她脸上的表情，只觉得厨房氤氲出的水汽有点糊人的眼，让人看不清前方的画面，就好像看不清未来生活的方向，可是现在想想那时她的脸上分明挂着期盼的笑容。

以前我不知道北京对于北漂族来说意味着什么，是高楼林立的霓虹大厦吗？还是无数次能够实现梦想的人生机遇呢？

七月去北京后，我很少再和她联系，一是因为大家都忙，我不再好意思打扰对方，二是因为彼此的生活都被新的人事填满，话题开始变得越来越少

她呢，仍然会不定时地给我发消息，文字很少，大多数的消息都是图片。

有时是拥挤不堪的早高峰地铁站，行色匆匆的人群进进出出。

有时是深夜凌晨的街景，浓浓的白雾让人看不清路。

有时是写字楼里眺望远方的风景，一半是难得湛蓝的天空，一半是高耸的大厦。

有时也会是北京深深浅浅的胡同老街以及叫不出名的诱人美食。

刚开始的时候，我还会跟她说："一个姑娘家不要太拼，熬不住就回来。"

后来我便不再劝她了，因为我开始明白，她真的很喜欢现在的生活状态。在她的世界里，她会很努力很拼命抓住一切自己想要的东西，她也会因为追逐梦想而变得热血沸腾，不知疲累。

# 2

北京生活压力那么大，可为什么还有那么多人会选择留下？

关于这个问题，我曾经在抖音上刷到过网红小姐姐羽仔的一条视频，她在视频里这样说：

北京是一座很难一见钟情的城市，买不起房，安不了家，空气干燥，还特别的堵，但这并不影响我爱他。

虽然国贸的地铁常年拥挤，但办公环境总是令人惊喜。老胡同里除了有天价的四合院，还有别有洞天的咖啡馆。国家大剧院是真的很美，偶尔下楼买个饮料还能碰见球星。五道口咖啡馆里的创业者们一批又一批，许多人来许多人走，那里留下了无数人的创业梦。

北京的天空常常很美，路边有盛放的月季，北京人都很友好，这里每一寸都是历史，每一处也都是创新，加班再晚也不会觉得孤单，车流不息，总有更辛苦的人，偶尔会觉得这座城市冷漠，但这种冷漠恰恰是一种包容，因为我可以成为任何我想成为的人，爱北京，其实有千万种理由。

这条关于北京的视频，打动了许多网友，也深深地打动了我。我们每个人都有自己的人生选择，我们要做的就是为我们的选择全力以赴。

时间久了我也会问她，在北京过得快不快乐。偶尔她也会说，过得不快乐。难过的时候她也会跟我吐槽那永远都挤不进去的早晚高峰地铁，那永远都加不完的班和熬不完的夜，以及那怎么努力都买不起的房子和只涨不跌的物价。

但是每次她和我抱怨完糟糕的生活后，第二天依旧会早起赶地铁，依然会选择加班熬夜赶计划，依然会努力攒钱哪怕或许永远都买不起北京五环以内的房子。

但是这就是北京，这就是她的生活和梦想。

我有时会安慰她，我说努力生活很重要，但是也要让自己活得快乐，我们要快乐地努力着，做一个幸福的姑娘。

哪怕我们暂时买不起北京的房，但我们可以租一个好一点的公寓，让自己过得舒服点。

哪怕上班路上的通勤时间会让我们很不耐烦，但我们可以找一部好看的电影打发时间，或者找几门不错的课程充实自己，这样时间就被我们赚回来了。

## 3

之前看书的时候，看到这样一段话：

生活原本了无生趣，如果你能懂得享受生活，那将是最大的收获。

每个人对于人生的选择是不尽相同的，想走的路也不尽相同。刚毕业那会常听身边的人说，这一辈子一定要留在大城市，那里资源、机会都是小城市所不能比拟的。

刚开始我也这么认为，但后来我明白，其实一个人只要不断努力，无论他身处何处，他都会越来越好。

我见过碰到一点压力就把自己变成不堪重负样子的人。

我也见过碰到一点不确定性就把前途描摹成黯淡无光的人。

这些人碰到一点不开心就觉得日子黑暗得再也过不下去了，他们不停地自怨自艾，大概都只是因为不想努力。

# 4

我的另一个朋友毕业后选择回老家工作，她的老家是连排名都数不上的十八线城市。

她说要回老家工作的时候，我们一群人都认为她这辈子一定就这样了，平平淡淡安安稳稳毫无波澜，然后结婚生子，早早步入安逸的生活。

但是她回去以后的发展又让我们当初对她不抱有希望的这群人咋舌。

她先是考取了市里的公务员，有了一份稳定且有保障的工作，然后在这份稳定之外又开始了自己的创业之路。起初是给网上的小说录制音频，开始点击量寥寥无几，可她并没有放弃，一方面专心打磨自己的声音，另一方面也不断精进自己的剪辑技术，她每天都坚持录制，大半年后，她的每个音频都有了上万的点击量。

再后来，她有了自己的电台，也有了自己的听众朋友，工作稳定爱好加持，让她的收入持续提高，在十八线的小城市日子也过得风生水起。每次看她的朋友圈，都觉得她活出了我们都活不出的精彩。

或许在我们看不起的那些小城市里，也藏着许多人炽热的梦想；或许在那些我们看不到星星的夜晚里，也有人在熬夜加班努力；或许小城市大排档的味道也并不比大城市里的差。

总有人说小城市的不好，其实好与不好全在个人感受。

你可以在工作之余享受小城市所带来的安逸，这里的机遇虽然不多，但是你依然可以通过努力去给自己创造机会，你也依然可以活得很快乐。

我想说的是，无论我们是在霓虹闪烁的大城市里，还是在节奏悠悠的小城市里，我们都要特别特别的努力，这不仅是为了我们自己，也为了抚育我们长大的爸妈，以及那些爱我们和我们正爱着的人。

生活的压力无处不在，所处的环境固然重要，但是环境并不能决定我们人生的走向，我们要努力且快乐地活着。

王小波在《黄金时代》里说："那一年我二十一岁，在我一生的黄金时代，我有好多奢望。"

"我想爱，想吃，还想在一瞬间变成天上半明半暗的云，后来我才知道，生活是个缓慢受锤的过程，人一天天老下去，奢望也一天天消逝，最后变得像挨了锤的牛一样。"

"可是我过二十一岁生日时没有预见到这一点。我觉得自己会永远生猛下去，什么也锤不了我。"

正如作家王小波说的这样，年轻时我们无法预见未来会发生什么，我们无法掌控未来，但是我们可以把握现在，走好每一个当下，那么未来一定不会太差。

生活中，我见过许多很努力却活得一点都不快乐的人，因为他们的身上背着太多世俗的眼光和生活的压力，他们活得一点都不快乐甚至很累。

我也见过许多活得努力也很快乐的人，活得努力是因为知道自己想要什么，活得开心是因为那是生活的真谛。

所以我想让你知道，努力生活固然重要，但是快乐也必不可少。

人生很长，长达九百个月。人生很短，九百个月而已。

祝愿你能成为自己的超级英雄，也能成为自己的超级甜心。

# 你要相信，总有人会翻山越岭来爱你

在爱情还没有到来前，我们都在等那个命中注定的人，虽然不知道他什么时候会出现，但还是期待有朝一日能把"我"变成"我们"。

## 1

几年前因为一部《太阳的后裔》而走到一起的双宋 CP 大家都还记得吗？他们结婚不到 20 个月，就在各自的微博晒出了离婚的消息。对，曾经被那么多人看好的一对恋人，他们还是选择分开了。

评论区里炸开了锅，有人说是因为男主花心，劈腿了女主的闺蜜，有人说是因为女主做了让男主不能忍受的事情，也有人说其实他们的感情早有裂缝，离婚只是迟早的事情。

一时间，关于他们离婚的原因，有了种种的猜测，可是在他们各自的离婚的声明里，却只是简简单单地写着：性格不合。

"性格不合"这个词好像成了万金油，我们常常能够在许多场合听到。

刚开始听到这个理由时，我觉得这个理由太简单，让人觉得很敷衍，毕竟这世间没有百分之一百合拍的两个人。但是在慢慢长大的过程里，当我见多了物是人非的结局以后，我渐渐体悟到分开的理由越简单，分开时两个人的关系就越轻松，越体面。

其实在这场声势浩大的国民婚恋里，没有谁对谁不对，当初向全世界宣布"我们要在一起了的"是他们。而当感情走到尽头，选择一别两心宽，各生欢喜的也是他们。两个人选择在一起时需要翻山越岭的勇气，其实分开也是，体面的分开是对彼此深爱过的尊重，"大度"是每一个前任最应该去做的事情。

《体面》里面有几句歌词，戳中了许多人的心：

我爱你不后悔，也尊重故事结尾。

分手应该体面，谁都不要说抱歉。

何来亏欠，我敢给就敢心碎。

不爱我又能怎么样呢？真实世界里多的是真心错付，爱而不得。

# 2

生活中，我见过分手后苦苦纠缠，也见过被抛弃后的痛不欲生。感情里我们都以为拼命挽留可以完成一次情感的救赎，可是我们都忘了，当一个人下定决心要离开的时候，他早就为自己找好了一万条必须离开的理由，他早就为自己想好了退路。

感情里我们习惯用"渣男"来称呼那些伤害了我们的前任，我们以为是他们耗尽了我们对美好爱情的所有期盼，是他们让我们再也不敢大胆地去爱。

但其实阻止我们寻找幸福的并不是所谓的前任，而是我们自己。

一段失败的感情不应该成为我们幸福的阻力和软肋，而应该让我们生出更强大的力量，成为我们坚强的铠甲和后盾。

没错，双宋的婚姻结束了，曾经高调宣布"我们"的李晨和范冰冰也官宣分手了，他们用最好的姿态把彼此还回人海，他们在彼此的生命里画上了句号，他们再也不会有故事了，然而他们这段感情的失败，并不意味着人生里再也不会碰到那个真正对的人。

就在他们双双宣布分手的期间，张若昀在爱尔兰娶了备忘录里的女孩唐艺昕，他们长跑八年，终于喜结连理。八年里，张若昀在备忘录里记录下这个女孩的一点一滴，她爱的和不爱的，她习惯做的事和讨厌去做的事情。

婚礼上，唐艺昕幸福得笑弯了眼，大家都说这才是嫁给爱情最好的样子。

**所以你看，这世间仍有真爱，那个对的人只是暂时隐于人海，你要做的，就是努力找到 TA，然后嫁（娶）给（了）TA。**

## 3

前段时间，我高中的好朋友也在朋友圈里公布了结婚的喜讯。

看到她消息的一刹那，我特别讶异，这个曾经坚持走不婚主义的姑娘，如今居然甘愿披上洁白的婚纱，嫁作他人妻，从此与伴侣一起洗衣做饭煲汤，回归充满烟火气的生活。

我微信私聊她，我问她："韩姑娘，你是从什么时候起又开始相信爱情了？"

她发了一个甜甜的表情给我，然后回复说："从我遇见他的那一天开始。"

　　知道韩姑娘感情经历的朋友都知道，她曾经因为前任的背叛受过很重的伤。那个时候只要一到天黑，她就会逐个约我们出来陪她喝酒唱歌聊天，那段时间大概是她这辈子最糟糕的一段时间。

　　我们都见过她在感情面前痛不欲生的样子。我们一伙人陪着她熬了好久的时间，才让她慢慢从这段失意的感情中走出来。

　　那次恋爱分手后，韩姑娘便宣布了自己的不婚计划，她说单身挺好的，自己赚钱自己花，不开心了就找朋友喝喝酒聊聊天，生活无聊的时候可以出去度个假，逢年过节还能回老家陪陪爸妈，真的挺好。她说以前是自己想不通，非要找个男人过余生，如今想通了，感觉人生整个都爽了。

　　但是现在你看，这个曾经很倔强说要一个人过一辈子的姑娘，如今还是打破了自己给自己的承诺，这就是真爱吧，就是想要和那个对的人组建一个属于自己的小家庭。

　　她在微信群里和我们"坦白"两人交往的过程，她说：

　　他会因为她一句"饿了"，就走好远的路，只为了买一口她爱吃的蛋糕；他会因为她来大姨妈肚子疼，就提前一个礼拜提醒她少吃冷饮和酸辣的食物，要注意休息和保暖；他会因为我喜欢小狗，就拼命加班工作，然后在她生日那天把那只可爱的宠物当作礼物送给她。

　　她甜腻腻地说了很多很多，她发的每一条消息，都让手机这端的我们疯狂羡慕，然后忍不住在群里齐力吐槽她撒狗粮太狂妄。但是真好，能够遇见一个真心想嫁的人。

# 4

曾经和前任分手时我们都以为，这一辈子再也不会遇到一个能让自己动心的人了，我们以为那个已经转身走掉的人，就是我们这辈子最后能够遇见的人。

但其实我们都错了，时间会治愈好我们的伤痛，它会让伤口慢慢愈合结痂脱落，然后长出新的组织，填补旧的伤疤。

我们都会和后来的人有新的故事，然后慢慢忘记了和前任们发生过的那些难忘的事情。当你开始新生活后，你会发现那些过不去的人和事在潜移默化里慢慢就忘记了。

写这篇文章的间隙，我拿起手机刷了一会儿微博，我刷到一条特别甜的消息：《回家的诱惑》女主秋瓷炫补办婚礼。

这个受尽人生苦难的宝藏女孩，终于在她40岁这年迎来了人生里最重要的时刻。在婚礼上她还给老公于晓光读了一封信，并向他求婚：希望下辈子两人如果还能遇见，他还能娶她。

现在面对媒体的追问，她终于可以卸下标准的笑容，露出真正发自内心的微笑，她可以特别坦然地对着镜头说："有我的老公，有我的儿子，我真的很幸福的。"

真好啊，可以遇见一个真正疼自己，爱自己，懂自己的人。真好啊，时光往复，我们终于还是在岁月的长河里找到了那个对的人。

所以此刻真正读这篇文章的你，请你相信，爱情有时会晚到，但是它永远都不会缺席。

我相信我们都会遇见那个对的人，他会披着黄金战甲，踩着七彩祥云出现在你的生命里，从此以后他只做保护你一人的战斗骑士，让你可以在他的怀抱里随时甜甜地睡去。

终有一日，你会遇见这样一个人。

从此以后的夜空里，都会挂满幸福的星星。

## 未来做最好的自己，遇见最好的生活

人生会有很多很多的挫折，但怎么样都会过去的。让我们以更好的姿态迎接未来的那个自己和生活。

1

"毛毛你的这本书，终于要结束了吧？"

"是啊，但其实写完这本书，我的写作征程才刚刚开始。"

我特别喜欢的作家三毛说过：生命的过程，无论是阳春白雪，还是青菜豆腐，我都得尝尝是什么滋味，才不枉来走这么一遭。

生命对我们而言只有一次，而且这仅有的一次是无法重头来过的。人生百味，每一种味道都是独一无二的，我们应该尽可能多地去尝试每一种不同的生活，体验每一种我们没有体验过的活法，这样才不辜负上帝给我们的这一次机会。

这是这本书最后一篇文章了，写这本书我花了三个月。这三个月对我来说过得很辛苦也很充实，白天上班，下班后就开始写稿，把我想要跟你们说的故事都写进书里，有时候我也会想：你们会喜欢我说的这些故事吗？你们会从我的故事中得到一点点启发吗？你们会喜欢这一本书吗？

这三个月，我真的觉得自己有了不小的收获。写作其实是一件漫长而孤独的事情，它也是一件特别神圣的事情，只要想到我写的文字能够温暖到一部分人，能够帮助一部分人走出困境，能够让一部分人重新获得站起来的力量，我就有动力永远写下去。

这本书写到这里，我要感谢很多人，如果没有他们也就没有这本书的存在，没有现在的我。

我要感谢的第一位是陪我一起度过这三个月的编辑芳老师，感谢她给我的指导，感谢她帮助我成长，陪着我改稿。她真的是一位认真负责的编辑，遇到她是我人生的幸运。她总是能够在我灵感快要枯竭，动力快要不足的时候给我加油打气，给我重新出发的动力。

也因为我的小任性和拖延症，她总是要花更多的时间在我身上，她把我当作知己当作朋友，她会跟我讲一些我还未体悟到的人生道理，能够遇见她，能够一起完成这本书，冥冥中一定有着莫大的一种缘分。

其次，我要感谢的是所有出现在我这本书中的人们，是你们的故事赋予了这本书一个有趣的灵魂，通过你们的故事让更多的人看到，平凡的人生里有多少人在努力，在发光发热，在经历挫折，也在继续前进。我也真诚地希望，故事中的每一个你在往后的生活里也能够越来越好，一天天过上你想要的理想生活。

## 2

这篇文章是这本书的终结，却也是我们长长人生里一个新的开始。我不知道我下一本书会在什么时候开始动笔，我不知道那个时候，我会不会有了更深刻的人生体悟，我不知道那个时候，我是不是去了更多更远的地方，我会不会遇到更多的人，我也不知道那个时候，我的身边是不是发生了更多全新的故事。

我不知道未来会发生什么，有多少困难挫折在等着我，有多少期待和惊喜在等着我，但是我知道不管未来如何，我都会拼尽全力来拥抱生活，来迎接未来的那个自己。

写到这里，我想起席慕蓉写过的一篇散文《写给幸福》中的一段话：

在年轻的时候，在那充满了阳光的长长的下午，我无所事事，也无所惧怕，只因为我知道，在我的生命里有一种永远的等待。挫折会来，也会过去，热泪会流下，也会收起。没有什么可以让我气馁，因为，我有着长长的一生，而你，你一定会来。

我们每一个人的生命中都会或多或少地有过一段难过的时光，无聊的时光，寂寞的时光，快乐的时光，但最后你一定会迎来属于你的幸福时光。在幸福来临之前，你要耐着性子憋住气好好过好当下的时光。

前阵子，部门里有一个特别乖的女同事，她说现在的日子过得很迷茫，想要辞职。我问她："你为什么会感到迷茫，你明明手上有好多做不完的事情。"

她回答我说："是啊，我手上有好多事情可以做，但是没有一件事情会让我觉得自己很有价值。我已经很努力很努力了，可是你看我的设计图还是那么差劲，连我自己都看不下去，我正在想我是不是没有做设计的天赋，我继续下去是不是在浪费时间，我正在考虑要不要换一个职业。"

看着她垂头丧气颓废的样子，我忍不住想要和她分享我内心的想法，我说："其实大部分人的成功靠的都不是天赋，而是后天的努力，当然那些天赋异禀的人他们的成功会来得比我们容易些，但是那样的人只是极少数，大多数的人都是平凡且普通的，都是需要用不断的努力去换自己一点点的进步，但是别小看这一点点的进步，它会让你在人群中熠熠生辉。"

她反问我："真的是这样吗？可是有些人我永远都超不过啊。"

我很认真地告诉她："真的是这样，我们要做的不是去超越伟人，我们要做的是不断超越自己。"

曾经我也以为那些写作很厉害的人，他们的天赋一定很高，后来当我深入了解以后我才发现其实并不是这样的，并不是他们天赋高，而是他们的足够拼命或者足够热爱。

村上春树每天四点起床跑步，每天要写好几千字，十几年来一直如此。

年少成名的韩寒从小就开始看很多很多的书，他还自曝为了扩大自己的词汇量翻烂了好几本词典。

好的文章从来都不是一日写成的，好的文章都是经过了经年累月的沉淀，一点点打磨而成的。

# 3

现在的我，每个月都会给自己整理书单，买自己需要看的书，然后挤出时间把它们看完。我会坚持每天写点文字，锻炼自己的思维，提高自己的表达能力，想到什么就写什么，有时候用电脑写，有时候写在日记本里，有时候写在手机的备忘录里。我会把那些关于生命或者生活的新体悟都一一记录下来。

正如这本书里的文字，好多都是我利用零碎的时间在手机备忘录里完成的，但是我还是会反复修改，因为我知道灵感乍泄只是一种感觉，好的文章需要一遍遍修改打磨。就像人生一样，人生其实也需要我们不断打磨，这样才能把每一个平凡普通的日子变得有那么一点点不同。

米兰·昆德拉说过一句话：没有一点儿疯狂，生活就不值得过。

是啊，我们需要用一个积极向上的心态去面对生活，去抵抗生活中种种的不堪。我们也需要用行动让我们的生活变得更好，坚持下去天总会亮的，没有太阳也会亮的。

你知道吗，在这个世界上所有人都在为奔向更好的生活而努力。有的人在为名校的 offer 日夜拼命，有的人在为自己的事业而奋战到凌晨，有的人在为自己的爱人孩子做好一日三餐，还有的人在为自己的身材容貌克制饮食运动流汗。

你看，每一个人都过得那么励志，每一个人都在为自己的目标努力着，我们又有什么借口选择放弃？

# 4

我曾经在网上看到一段知名博主德卡先生写的话，想把它分享给大家：

**要把所有的夜归还给星河，把所有的春光归还给疏疏篱落，把所有的慵慵沉迷与不前，归还给过去的我。明日之我，胸中有丘壑，立马振山河。**

今天我用这段话与大家共勉。

希望明日之你我，胸中都会有丘壑，眼里都会有曙光。

希望明日的你和明日的我，都能在未来最好的时光里遇见那个最好的自己。

# 后记

我是毛毛虫小姐，很高兴认识各位读者。

我从来都不知道，我的人生可以有这么幸运，可以于茫茫人海里遇见亲爱的你们。

当你拿起这本书，翻到这一页的时候，我很高兴你看完了我所有的故事。

我从来都没有想过，二十几岁的某一阶段我可以出一本书，这让我受宠若惊。

我带着我全部的赤诚把我的故事和经历一一讲给你们听。

我想用这个温暖的礼物治愈你们，也治愈我即将 27 岁的人生。

我不是一个职业作家，在我二十几岁的人生路里，我也没有那么厚实的人生阅历，你就把我当作一个许久未见的老朋友吧，我们在书里，在段落里，在一字一句里坐下来聊聊天。

希望你们能把那些不甘心、遗憾、难过等不好的情绪都终止在这本书的最后一页，然后把那些高兴、快乐、温暖等美好的都带走。

让结束的结束。

让开始的开始。

这本书，写了许多美好的、拼搏的故事，我想用温暖的形式告诉你们：生命中曾经有过一段时光，我永远不会忘记，你来过，温暖过我的岁月。

但是啊，每个人的生命就是一条孤独的河，没有人可以永远和我们相伴而行，生命的进程里只有我们能做自己的依靠，掌握自己的命运。

其实我们已经一个人走了很久，很久。

可我们脚下的路途啊，像茫茫的大河，仍然无边无际。

有人问过我，为什么活着煮的虾会比较好吃？因为虾活着煮，痛苦会锤炼它的肉质，痛出来的鲜美，才足以颠倒众生。

我有一位抑郁症朋友，病情严重的时候会整夜整夜睡不着觉，但是她从来都不会把自己不好的一面带给家人和朋友，偶尔提及也总是说自己好多了。

虽然她的病时好时坏，可是她一直都怀揣着一颗积极向上的心。

有一次她发病我陪她去医院，坐在走廊的椅子上，我问她："一直都这么痛苦吗？"

她抱抱我笑着说："也不是，有时候我也很快乐，就像现在能和你在一起。"然后她又很严肃地说："人，只有活着，才有希望，所以要去做一些特别有意义的事情。"

许久以后我看到某部网剧里的这几句台词：

冬日漫长而又艰辛，万物蛰伏于土地，而人生亦然，众生皆苦。

活下去，终有一日，花会重开，候鸟回头。

活下去，等月升再起，终有一日，春至。

我把这几句话发给她，那时候的她已经剪掉心爱的长发，开始学着吃素，收拾行李轻装远行，走时她说："要去度化自己。"

以前我不知道她要去度化的是什么，现在我知道那是生命。

她生命的维度被日渐拉长，她生命的意义也日渐厚重。

在我们各自生命的长河中，有的人来，有的人走，有的人遭遇风险，有的人绝处逢生，有的人在春天里发抖，有的人在冬日里歌唱，命运浮沉，只有我们自己能够掌握自己的方向。

10年太长，什么都有可能会变，一辈子太短，一件事也可能做不完。

人这一辈子，除去睡觉其实很短很短，正因为短暂，我们才要为自己的生命负责。

正如一部电影里说的那样：

世事如书，众生都有所爱那一句，而我只是个摆渡人，我们都会上岸，阳光万里，到哪里都是鲜花开放。

愿我们都能做自己生命的摆渡人，愿我们都能在沉浮的命运中渡自己上岸，然后阳光万里，遍地花开。

这本书或许还有些不完美，可这里的每段经历每段人事都是我想跟你们说的话。

你或许可以在书中的某一个章节、某一个段落里看到似曾相识的自己，或是找到家人朋友的影子。

我希望这本书可以给你一点点温暖，一点点力量或者一点点启迪，这样于我而言便是最好的回报了。

谢谢你，愿意花一段时光阅读书里的故事。

谢谢你，到过我生命的长河，通过文字与我结缘。